U0162739

本文库由"中国一汽 红旗品牌"支持出版
With Support of Hongqi, FAW Group

让 理 想 飞 扬

故宫博物院博士后文库

王旭东　赵国英 / 主编

元大内规划复原研究

徐　斌 / 著

文物出版社

图书在版编目（CIP）数据

元大内规划复原研究／徐斌著. —北京：文物出
版社，2022.10
（故宫博物院博士后文库／王旭东，赵国英主编）
ISBN 978 - 7 - 5010 - 7337 - 5

Ⅰ.①元… Ⅱ.①徐… Ⅲ.①城市规划—研究—北京
—元代 Ⅳ.①TU984.21

中国版本图书馆 CIP 数据核字（2021）第 267419 号

元大内规划复原研究

丛书主编：王旭东　赵国英
著　　者：徐　斌

责任编辑：崔　华
助理编辑：马晨旭
封面设计：特木热
责任印制：张　丽

出版发行：文物出版社
社　　址：北京市东城区东直门内北小街 2 号楼
邮　　编：100007
网　　址：http：//www. wenwu. com
经　　销：新华书店
印　　刷：宝蕾元仁浩（天津）印刷有限公司
开　　本：710mm×1000mm　1/16
印　　张：12. 75
版　　次：2022 年 10 月第 1 版
印　　次：2022 年 10 月第 1 次印刷
书　　号：ISBN 978 - 7 - 5010 - 7337 - 5
定　　价：90. 00 元

《故宫博物院博士后文库》第一辑

作者名录

进站时间	合作导师	博士后
2014 年	朱诚如	多丽梅
	李 季	徐华烽
	宋纪蓉	张 蕊
2015 年	朱诚如	张剑虹
	王连起　赵国英	段 莹
	单霁翔	徐 斌
	张 荣	刘净贤
	王跃工　孙 萍	张 帆
2016 年	蒋 威	李艳梅
	陈连营	王敬雅
2017 年	朱赛虹	王文欣

《故宫博物院博士后文库》总序

2013 年 8 月，故宫博物院正式设立博士后科研工作站，成为我国首批文博机构博士后工作站。截至 2021 年底，已有博士后合作导师 40 人，累计招收博士后 65 人，已出站 26 人，在站 39 人。博士后合作导师主要为院内专家，长期从事与故宫有关的考古学、古书画、古陶瓷、古籍档案、出土墓志、甲骨文、古建筑保护、馆藏文物保护、明清宫廷史、藏传佛教美术、宫廷戏曲、明清工艺美术、故宫博物院史等多个领域的研究，也涉及我国文博领域相关学术问题的探索。博士后工作站的建立，一方面为故宫博物院高端学术人才培养和引进搭建了平台，另一方面也促进文博业务人员深入学科前沿开展创新性研究，为今后文博系统科研人才的培养提供可借鉴案例。2020 年，故宫博物院博士后工作站荣获全国优秀博士后工作站称号。

故宫博物院的博士后来自海内外不同高校，在站期间与导师合作开展研究，取得可喜成绩。累计发表各类期刊论文、会议论文 190 余篇，出版著作 26 部；参与各类科研项目 80 余项，其中国家社科基金和自然科学基金 11 项。在站期间，通过与合作导师共同进行科研工作，与故宫的专家进行学术交流与思想碰撞，不但丰富了个人的学术研究经验，而且为故宫的学术发展带来了创新与活力。为展示故宫博物院博士后工作站成立以来的学术成果，推进"学术故宫"建设，院里决定出版《故宫博物院博士后文库》丛书。

此次出版的丛书第一辑是故宫博物院博士后科研工作站的首批学术成果。本辑共 11 种，均是在博士后出站报告基础上修改完成的学术著作，大体可分为四类。一是围绕文物和艺术史的研究，包括段莹《周密与宋元易代之际的书画鉴藏》、李艳梅《故宫博物院藏〈秋郊饮马图〉的研究》、王敬雅《绘画中的乾隆宫廷》、张蕊《唐卡预防性保护研究初探》等。二是故宫宫廷历史文化研究，包括张帆《明代宫廷祭祀与演剧》、张剑虹《康乾时期物质文化遗产法律保护研究》、刘净贤《清代嘉庆、道光、咸丰三朝如意馆研究》、王文欣《〈御定历代题画诗类〉研究》、多丽梅《清代中俄宫廷物质文化交流研究》。三是故宫的建筑研究，为徐斌《元大内规划复原研究》。四是故宫相关领域的学术史研究，为徐华烽《故宫的古窑址调查研究（1949～1999）》。

　　故宫博物院23万余平方米的明清建筑和186万余件文物具有丰富的历史价值、审美价值、文化价值、科学价值和时代价值，不论在人类文明发展史上，还是在中国当代社会主义文化建设中，都有不可替代的重要作用。从1925年成立以来，故宫博物院一直以学术立命。建院之初，故宫博物院就明确提出"多延揽学者专家，为学术公开张本"和"学术之发展，当与北平各文化机关协力进行"的理念。党的十八大以来，故宫博物院以习近平新时代中国特色社会主义思想为指导，深入落实"保护为主、抢救第一、合理利用、加强管理"的文物工作方针，切实履行文化使命，真实完整地保护并负责任地传承弘扬故宫承载的中华优秀传统文化，提出以平安故宫、学术故宫、数字故宫、活力故宫为核心内容的"四个故宫"建设和覆盖各方面事业发展的九大体系，明确了新时期办院指导思想，推动博物馆事业的高质量发展，努力将故宫博物院建成国际一流博物馆、世界文化遗产保护的典范、文化和旅游融合的引领者、文明交流互鉴的中华文化会客厅。

　　习近平总书记强调，"一个博物院就是一所大学校。要把凝结着中华民族传统文化的文物保护好、管理好，同时加强研究和利用，让历史说话，让文物说话，在传承祖先的成就和光荣、增强民族自尊和自信的同时，谨记历史的挫折和教训，以少走弯路、更好前进。"学术研究工作是文化遗产保护和博物馆事业可持续发展的重要支撑和强大驱动。丰硕的学术研究成果是以时代精神激活中华优秀传统文化生命力的基石。故宫博士后科研工作站广大合作导师和博士后认真学习、深入领会、切实贯彻习近平总书记关于文化文物和文化遗产保护的重要论述和指示精神，站在中华文明的高度审视与研究故宫，按照故宫博物院发展规划的目标开展研究工作，全面深入挖掘故宫古建筑群和馆藏文物蕴含的人文精神和多元价值，进一步推动故宫学术科研体系建设与完善，充分发挥好文化传承创新与智库作用，努力成为我国文博领域学术研究的重要力量。博士后研究报告要立足重大问题、前沿课题和关键难题，要以扎实的研究根基和丰厚的学术成果，为故宫博物院肩负的历史使命提供学术支撑。

我们期待故宫博物院博士后工作站不断推出新成果，《故宫博物院博士后文库》也将继续分辑出版，使之成为展示故宫学术成果的一个新平台，在新时代书写故宫学术新篇章。

感谢一汽红旗集团对故宫学术的支持，资助出版该辑文库；感谢文物出版社和文库编辑委员会同志的辛勤工作。

是为序。

王旭东

2022 年 7 月

序

　　元大都的规划复原研究，迄今已有九十余年历史。20 世纪 30 年代，以营造学社朱启钤、阚铎、王璧文（王璞子）及中央大学朱偰等学者为代表，基于历史文献进行了平面布局复原，奠定了元大都研究的坚实基础。60 年代开始，伴随北京市政工程建设，中国科学院考古研究所和北京市文物工作队合作开展元大都考古勘探，发表了一系列考古报告。以清华大学赵正之与主持考古工作的徐苹芳等学者为代表，提出了依据历史地图和现存街道肌理推断元大都主要功能区的方法，形成了目前较为权威的元大都规划复原图。但受制于明清故宫的保护要求，上述工作并不涉及元大内建筑本身。90 年代开始，故宫博物院古建部在建筑基础勘察和地下管线施工中，持续发现元、明建筑遗址，积累了一批关于故宫地下情况的资料。2014 年成立的考古研究所（现为考古部），配合工程建设，发掘了一系列元代建筑遗址和夯筑于生土层上的明初建筑遗址。建筑史领域，以傅熹年为代表的学者，从模数制和元代官式建筑制度出发，也提出元大都平面布局和元大内核心宫殿的复原方案。这些材料，为复原元大内历史地形和水系、精准定位元大内各宫殿建筑、厘清元大内规划布局提供了可能。

　　我与徐斌相识于她的博士论文答辩会，她曾计划以元大都为博士研究方向，但惜于考古材料的不足而另择秦汉都城。当时，我提到故宫考古于隆宗门外新发现了元代建筑遗址，并新成立了博士后科研工作站，欢迎她到故宫来做博后，研究方向就定为元大都规划复原。在站期间，她集中梳理了元大都的相关材料和前人研究，决定先从象天法地视角开展元大都规划研究，延续她博士论文的框架。这部分工作很快就完成了，但她并没有停下脚步。她继续搜集并整理了院内发现的元、明遗址，听取了多场专家论证会，参与了慈宁宫花园东院的考古工作，并赴元上都、元中都、明中都、明南京等相关都城遗址考察。在全面掌握材料的基础上，对元大内的范围、轴线、布局、规划思想、元明之际的空间演变提出了新的见解，拿出了新的规划复原方案。她的博士后出站答辩，邀请了故宫博物院古建部、考古所、研究室和清华大学建筑学院等方面的专家，获得了一致好评。上述工作也获得了中国博士后科学基金、国家自然科学基金、英国李约瑟研究所李氏基金的资助。

出站之后，她进入故宫博物院宫廷历史部原状陈列组工作，将主要精力投入到宫殿建筑的室内陈设复原上。三年之后，我看到了这部书稿。通读下来，比博士后阶段又有所发展，在材料和方法上均表现出一些创新之处，具体如下：

（1）对材料的整体把握。本书第二章源自她的博士后开题报告，内容全面而重点突出，令人印象深刻。徐斌广泛阅读了有关元大都的历史文献，范围涵盖官修的史书、政书、地理志，私撰的地记、游记、杂记，以及元人诗文、宫词、戏曲等，并对历史地理、考古、建筑史、规划史、科技史等领域的相关研究进行了整理和评述，搜集了迄今所见的全部元大都（大内）复原图，进而提出元大都研究可能的突破方向，体现出作者对多学科材料的把握。

（2）区域的眼光。博士阶段人居史研究的训练，培养了她在规划研究中的区域视野。在元大内规划复原中，徐斌并非就宫城论宫城，而是从更长的时间和更广阔的空间范围来讨论元大内的可能形式。如，对元大内中轴线位置的判断，并不仅仅依据故宫内部的考古材料，而是结合丽正门、八顷御苑、太液池、海子桥、中心台、钟鼓楼等多重证据来进行推断。在元大内平面布局的复原中，经过几年的积累，摸清了故宫内部元、明遗址的总体分布情况，参考宋至明代的宫城形制，不断修正观点，最终获得了现在的结论。

（3）对细节的重视。元大内的规划尺度，是一个容易被忽视的问题，却是元大内复原的关键。没有正确的"尺子"，何谈可靠的"平面"？徐斌依据文献数据，提出元大内规划与元大都规划采取了不同的尺度。宫城规划在先，继承金制，使用金尺（1里＝240步），而外城规划稍晚，度量衡制度完善，采用元尺（1里＝300步）。

这一认识是非常有见地的，也从根本上解决了元大都（大内）复原中种种争议不下的问题。对于大明殿和延春阁周庑数据的争议，徐斌依据文献确定了延春阁后还有咸宁殿与清宁殿两组建筑，且均带左右廊，从而明确了延春阁周庑的构成，提出了一种与文献吻合较好的解释。

（4）善于挖掘和利用材料。去年是紫禁城建成 600 周年，但有关明北京的营建时间，却一直存在争议，以往也觉得没有什么新的材料。徐斌发现了《明实录》中对明初漕运数据的持续记载，并创造性地将漕运数据与人口数量联系起来，通过数字人文的方法，计算出了永乐皇帝营建明北京的确切时间，为解决这一问题提供了有力证据。在对元大内各宫殿位置的判断上，也非常善于利用有限的故宫考古材料。她将元代遗址作为判断元宫殿建筑存在的正向因子，而将建于生土层上的明初遗址作为反向因子，二者结合，为元大内的规划复原平面提供依据。

（5）从空间规划到空间文化。徐斌的博士论文讨论秦汉都城规划中的象天法地思想和方法，邀请了考古和天文学领域的专家评审，这在城市规划学科是不多见的。她不仅探讨元大内规划布局的空间形式，还试图对这种空间结果的生成逻辑进行溯源。而从一个规划方案的产生过程来看，这才是源头。本书第四章和第六章分别从尺规作图和象天法地角度探讨元大内的规划生成，紧扣中国古代都城规划的两大技术体系，对理解元大内规划布局、反观元初帝王思想和社会文化面貌具有重要意义。

以上，是我在指导她博士后工作和阅读本书过程中的一些体会。她对都城规划研究抱有极大的热情，并具备了较为综合的科研能力，这使得她在西周雒邑、秦咸阳、汉长安、隋大兴、明中都、明北京等研究中皆有独到的见解。我希望她继本书之后，再接再厉，形成更多的成果！

单霁翔

2021 年 11 月 15 日

目录

第一章　引　言

　　蒙元时期始于 1206 年成吉思汗建立大蒙古国，1271 年忽必烈将国号改为"大元"，定都"大都"。随后，元朝政权持续了 97 年，至 1368 年被明军逐出汉地，逃往漠北，史称"北元"。北元政权又延续了 267 年，直到 1635 年才被后金灭亡。蒙元时期共有四个都城，按照修建的先后顺序，分别是位于今蒙古国境内的哈拉和林，位于今中国境内内蒙古地区的元上都、北京地区的元大都和河北地区的元中都。

　　元大都的规划建设，开启了中国古代都城规划史上的"北京时代"，为首都发展奠定了千年基业，"城址的选择和城市的平面设计，直接影响到日后北京城的城市建设"①。元大都规模宏大，形制规整，是 13 ~ 14 世纪"世界上最大的都会之一"②。由于是平地新建，其规划完整而独特，是"中国封建社会后期都城的典型，在中国古代都城发展史上占有重要的地位"③。在规划制度和技术层面，"上承北宋、金源，下启明、清，……处于承前启后的位置，对于了解我国古代宫殿制度的渊源演变颇具重要性"④。在元代东西方交流频发的大背景下，还融合了汉、蒙文化，吸纳了中亚、阿拉伯科技，可谓集各家之大成，在世界城市规划史上也具有重要地位。

　　元大内是元大都的权力中心、规划重心，也是元大都规划建设的开端。探索元大内的规划复原，具有重要的学术价值和广阔空间。然而，元大内的规划复原研究，

---

① 侯仁之：《元大都城与明清北京城》，《故宫博物院院刊》1979 年第 3 期。

② 王岗：《元大都在中国历史上的作用和地位》，《北京社会科学》1988 年第 3 期。

③ 徐苹芳：《元大都在中国古代都城史上的地位——纪念元大都建城 720 年》，《北京社会科学》1988 年第 1 期。

④ 傅熹年：《元大都大内宫殿的复原研究》，《考古学报》1993 年第 1 期。

却与其学术地位极不相称。历史文献如《南村辍耕录》《析津志》《禁扁》《故宫遗录》《永乐大典》《钦定日下旧闻考》等对元大内的记载，虽然包含了翔实的各宫殿建筑数据，但对建筑之间的相对距离却语焉不详。作为典型的"古今重叠式的古代城市遗迹"，元大内位于明清故宫和景山范围之下，考古发掘受到世界文化遗产保护的限制，无法充分展开。目前学界关于元大内的复原研究，虽已积累了一定成果，但由于历史文献的先天缺陷和考古实证材料的缺乏，在轴线、边界、布局等问题上一直存在争议。

第一节　元大内规划复原研究的时代契机

元大都的规划复原研究，迄今已有九十年历史，主要分为三个阶段。20 世纪 30 年代，以营造学社朱启钤、阚铎、王璧文（王璞子）及中央大学朱偰等学者为代表，开展了基于文献的平面复原。60 年代开始，中国科学院考古研究所和北京市文物工作队共同开展元大都考古勘探，发表了一系列考古报告，进而提出依据历史地图和现存街道肌理推断元大都主要功能区的方法，形成了目前较为权威的元大都规划复原图。受制于明清故宫的保护要求，这一阶段的工作并不涉及元大内建筑本身。90 年代开始，故宫博物院古建部在建筑基础勘察和地下管线施工中，持续发现元、明建筑遗址，积累了一批关于故宫地下情况的资料。2014 年成立的考古研究所（2020 年更名为考古部），配合工程建设，发掘了一系列元代建筑遗址和夯筑于生土层上的明初建筑遗址。这些材料为复原元大内历史地形和水系、精准定位元大内各宫殿建筑、厘清元大内规划布局提供了可能。但综合运用这些有价值的材料，系统性地开展元大内的规划复原研究，尚处于起步阶段。

因此，以故宫博物院新材料为基础，重新梳理历史文献和前人研究成果，综合利用近年来宋、辽、金、元、明宫殿考古研究成果和各大博物馆、档案馆所藏北京皇城宫殿历史图像资料，是推进元大内规划复原研究的突破方向和有效路径。元大内的规划复原成果，可进一步为元大都整体复原、古代宫城制度研究、首都核心区域价值挖掘和展示提供有益的参考。

第二节 元大内规划复原研究的关键问题

从目前的基础材料和研究动向来看，开展元大内规划复原研究，面临下述三个关键的科学问题：

一 元大内的历史地理和遗址分布

元大内规划之初的历史地形和水系，是承载元大内规划的地理基础，也是影响元大内规划的重要因素；元大内的现存地面遗迹和地下考古遗址，是判断元大内轴线、边界、布局的关键控制点。然而，前人研究并未充分考察这两方面内容。综合利用北京早期航拍图、地形图以及故宫博物院建筑基础勘察、地下管线分布、宫殿遗址考古等材料，复原故宫及其周边范围内的元代地形和水系，精准定位"元代建筑遗址"和"直接夯筑于生土层上的明初建筑遗址"的坐标，构建元大内历史地理和现存遗址分布模型，作为进一步开展规划复原的工作底图，是需要解决的第一个科学问题。

二 元大内的规划布局和空间模式

元大内的规划复原依据主要来自历史文献所记载的数据、前后时期宫殿复原研究成果和元代建筑、图像资料。如何综合利用这三方面材料，为元大内的规划布局和整体建筑复原提供依据，是需要解决的另一个科学问题。首先，元、明、清三代都有文献涉及元大内的规划布局和建筑形式，但其中也存在相互矛盾的内容。需要综合考察历代文献，甄别文献所记载的不同时期的元大内形制，针对其中相互矛盾的内容提出合理解释，在此基础上形成对规划之初的元大内空间布局和建筑形式的认识。其次，历史文献记载了元大内与金中都、北宋东京在宫城形制方面的继承，而金中都又是在辽南京基础上改建而成；元上都与元大都在规划建设上时间重叠、同由刘秉忠主持规划；考古揭示元大都与元中都在规划布局上采取了相同的空间模式；明北京宫殿是在元大内基础上，经过燕王府、西宫等屡次变迁而成；明北京又与明南京、明凤阳在规划上一脉相承。综合上述宫城考古和复原研究成果，可以明晰中国古代中晚期宫城制度的演变，为复原元大内规划布局提供参考。

三　元大内的规划生成和规划文化

以今日城市规划工作者的经验揣摩之，元大内的规划复原研究，不仅涉及规划布局和建筑形式的空间复原，还应探讨这种空间形式的"生成"逻辑。古人究竟运用何种工具和方法，做出了元大内的规划方案？更进一步，还需探讨这一规划行为背后的思想文化。究竟是什么样的帝王思想和规划文化，指导规划师构思出了这一规划方案？又如何阐释从而获得统治者的认可？这些问题在以往的元大内规划复原研究中，往往被忽视，但从规划生成的过程来看，却是决定规划方案的重要因素。通过对历史文献中涉及建都思想和主导人物部分的梳理和分析，比较前后时期的都城规划思想，是解答这一科学问题的有效路径。

第三节　研究方法和技术路线

元大内的规划复原是一项综合性、系统性的工作。本书尝试建立起从抽象的"规划思想"到具体的"规划布局"之间的逻辑关系，融汇历史文献学、历史地理学、考古学、城市规划史、建筑史、天文学史、艺术史等多学科知识，抓住"空间化"和"工程化"的关键步骤，将"思想的因"到"空间的果"之间的过程"炸开"，以人居环境科学、多重证据法和比较研究法为基础，构建元大内规划复原的系统性研究框架和多层次研究成果。

一　人居环境科学"多学科融贯"和"复杂问题有限求解"的方法

借鉴人居环境科学"整体论"的科学观和"多学科融贯"的方法论，全面考察

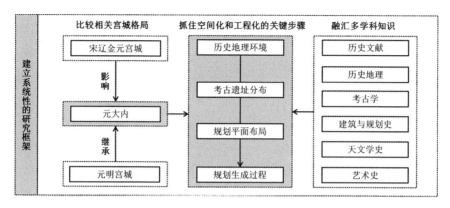

图 1.1 研究方法和技术路线

相关学科材料，构建系统性研究框架。针对"元大内规划复原"这一复杂问题，采用人居环境科学"复杂问题有限求解"的方法，在保留研究对象复杂性的前提下，综合提炼，抓住"空间"这一关键点进行有针对性的研究，依次复原元大内的历史地理环境、考古遗址分布、规划布局平面和规划生成过程，在此基础上进行叠合和调整，最终形成元大内规划复原的整体成果（图 1.1）。

二 都城研究的"多重证据法"和天文、地理复原新技术的应用

历史研究中行之有效的"文献 + 考古"的"二重证据法"，在以古代城市为研究对象时，考虑到城市规划与地理形势的紧密结合，需要加入"大地"这一层要素，形成"文献 + 地理 + 考古"的都城研究"三重证据法"。针对元大内规划复原的材料特征，还需考察建筑学、天文学史、艺术史等材料，形成"文献 + 地理 + 考古 + 天文 + 建筑 + 艺术"六者结合的古代都城研究的"多重证据法"。此外，还将使用 GIS、Stellarium 等软件复原元大内规划的历史地理和天文环境，为历史研究融入新技术。

三 比较研究法

比较研究法广泛运用于科学研究的各个领域，在元大内规划复原研究中也不例

外。纵向比较元大内与哈拉和林、元上都、元中都以及宋、辽、金、明时期宫城在规划理念和空间布局方面的特征，有助于厘清元大内规划的思想渊源和影响，明晰元大内在中国古代宫城规划史上的地位。横向比较元大内相关的历史文献、历史地理、考古、城市规划史、建筑史、天文学史、艺术史等材料，有助于全面构建元大内规划复原研究框架，为科学复原元大内提供支撑。

第四节　章节安排

本书分为七章。

第一章"引言"。概括介绍了开展元大内规划复原研究的时代契机、研究面临的关键科学问题及本书采用的研究方法。

第二章"基础材料和研究现状"。目前针对元大内的研究成果，或多或少都涉及到对元大都的讨论。而综合考察元大都规划复原研究的相关资料和多学科成果，也可以为元大内规划复原研究提供更长时段和更广阔空间的坐标。本章从历史文献、历史地理、考古、建筑与城市规划史、相关都城复原研究等领域材料对元大都规划复原研究现状进行回顾和总结，并在此基础上提出未来可以从基于故宫考古的元大内规划复原、元大内规划生成过程、元大内到明北京宫殿的空间变迁，以及元大都象天法地规划研究等方向推进元大内的规划复原。

第三章"元大内的规划复原"。元大内位于明清故宫和景山范围之下，历史文献对元大内各宫殿的记载，仅涉及单体建筑尺寸，不包含各建筑之间的距离。故宫博物院范围内发现的多处元代和明初的建筑基础，弥补了历史文献的先天不足，为精准定位元大内各宫殿建筑提供了可能。本章采取历史文献、故宫建筑基础勘察和考古成果相互印证的方法，确定元大内关键点的位置。在此基础上，参考历史地图和金、元、明宫殿复原研究材料，提出新的元大内规划布局平面。

第四章"元大内的规划生成"。中国古代城市规划有一套独特的技术方法，包含山川定位、规矩构图、计里画方、象天法地等内容。这些方法在元代之前，曾单独或同时被应用于不同城市。有鉴于此，本章从工具和技术的微观层面，探讨元大内规划的"生成"逻辑。研究发现，元大内利用"乾山巽水"定轴线、采取"规矩构图"定布局，综合运用了中国古代城市规划的理论和方法。可以认为，元大内规划是中国古代宫城规划的集大成者，标志着古代城市规划理论在帝制中晚期的成熟。元代规划设计者在建筑、宫城、都城等不同尺度均采取了相似的空间生成逻辑，显示出对这一规划设计理论体系的娴熟运用。

第五章"从元大内到明北京宫殿"。元大内到明北京宫殿的变迁，包含元大内、燕王府、西宫、明北京宫殿四个阶段。有关前三者的位置，历来存在争议，而明北京宫殿的位置则是确定的。因此，可以从明北京宫殿的营建和布局入手，向上推溯和梳理各个时期的空间形态，为复原元大内的空间布局提供参考。本章采用数字人文（digital humanities）的研究方法，重点分析《明实录》中永乐年间的漕运数据，辅以官员任职、工匠派遣、工程进展等材料，推断明北京宫殿的实际营造时间为永乐十三年至十八年（1415～1420 年），进而划分五个阶段，还原其历史面貌，提出元大内、燕王府、西宫、明北京宫殿实为基于原址的利用、重建或扩建。

第六章"元大都的象天法地规划"。李洧孙《大都赋》和熊梦祥《析津志》等元代文献都记载了元大都规划具有"象天法地"的显著特征，但相关研究尚停留在定性研究的层面，缺少实证性的分析。而从象天法地视角研究古代都城规划布局的方法，已经在西周雒邑、秦咸阳、汉长安的研究中得到验证，具有巨大的学术潜力。对于元大都这类考古不充分的遗址，积极开展象天法地规划思想和方法的研究，将为明晰其格局开辟更加广阔的视野。本章分析元大都象天法地规划的相关文献，复原《大都赋》创作之时的天文图式和都城布局模式，揭示元大都象天法地的建城意境和谋求天地对应的空间秩序方法，并探讨了元大内两个象天法地模式的出现时间和原因。

第七章"结语"。总结了本书各章的主要结论，提出下一步的研究方向和可能的突破点。

书末还附有两部分内容。附录一搜集了 20 世纪 30 年代以来元大都（元大内）规划复原研究的代表性图纸。附录二以永乐西宫为例，展示了综合运用故宫博物院文献、考古和古建材料开展都城复原研究的方法，探讨了"由明入元"推进元大内规划复原的路径。

第二章　基础材料和研究现状

　　元大都是一个富有吸引力的研究领域，长期以来受到不同学科学者的关注。针对元大都的研究，主要包括基于历史文献、历史地理、考古、建筑与城市规划史的研究，视角丰富，成果丰硕。其中，基于历史文献的研究，对修建过程和关键人物思想等已有较为系统的梳理。基于历史文献、历史地理和考古发现的互证，在区域尺度，初步明晰了历史地形、水系、交通、人口等情况；在城市尺度，针对元大都的中心、轴线、城墙、街道、水系、街坊，以及宫殿、官署、仓库、园林、坛庙、寺观、市场等重点功能区形成了多种复原方案。基于建筑和城市规划史的研究，对建城思想、都城选址、空间布局和宫室制度形成了一系列成果。

　　从既有研究成果来看，元大都研究的重点、难点和争论的焦点在于明晰其规划思想和复原其平面布局。由于元大都是典型的"古今重叠式的古代城市遗迹"，发掘工作的开展相对被动，并不充分。元大都的规划复原方案，由于缺乏考古实证，始终存在争议。对此，一方面需要补充新的考古材料，另一方面也需要通过比较已有的研究成果获得新的认识。研究发现，元大都与金中都、元哈拉和林、元上都、元中都、明中都、明南京、明北京在规划模式上存在继承和延续，这些都城的考古和规划研究成果，可以为元大都规划复原提供有益的参考。

　　本章综合梳理元大都研究相关的多学科资料，在此基础上提炼出推进元大都研究的可能方向，为开展元大内规划复原奠定基础。

第一节　历史文献

有关元大都的历史文献非常丰富，包括官修的史书、政书、地理志，私撰的地记、方志、游记、杂记、诗词歌赋等文学作品。此外，还包括当时外国人游历元大都之后的记录①。其中，元代、明初文献为研究元大都空间格局提供了直接证据；明清至近代以来的著作和辑注，虽然在流传中难免错讹，但仍是今天开展元大都研究的坚实基础，可以与其他学科的材料统一考虑，甄别比较，为元大都空间格局的复原以及建城思想的探究提供有力的证据。

一　史　书

《蒙古秘史》是用蒙文写就的"黄金家族"家谱档册，主要记载了窝阔台之前的蒙古族发展的历史脉络②。古代波斯史学家拉施特主编的《史集》所载蒙古历史，对研究成吉思汗及其后裔特别是忽必烈时期的历史有重要参考价值③。以上两书目前已有中文译本。明初宋濂等所著《元史》系统记载了元朝兴盛至灭亡的历史，其中《本纪》记载了元世祖忽必烈及其子孙修建和完善大都城的过程，《地理志》简要介绍了大都路的沿革和府、县、州等建置，《河渠志》详细记载了元大都的主要河流，是复原大都历史水系的重要材料，《列传》和《释老》涉及元初名臣刘秉忠、许衡、郭守敬，国师八思巴等人的生平事迹，可以为从人物史角度研究元大都建城思想提供材料④。

① 王灿炽：《燕都古籍考》，北京：京华出版社，1995年；陈得芝：《蒙元史研究导论》，南京：南京大学出版社，2012年；杨讷编：《元史研究资料汇编》，北京：中华书局，2014年。

② 余大钧译注：《蒙古秘史》，石家庄：河北人民出版社，2001年。

③ ［波斯］拉施特主编，余大钧、周建奇译：《史集》，北京：商务印书馆，2009年。

④ ［明］宋濂等：《元史》，北京：中华书局，1976年。基于《元史》的研究还包括：李治安：《忽必烈传》，北京：人民出版社，2004年。

二　政　书

《元典章》涵盖了元宪宗至元仁宗时期的诏令、圣政、朝纲、台纲、吏部、户部、礼部、兵部、刑部、工部十大类文献资料。其中"诏令"部分包含"中统建元诏""建国都诏""至元改元诏""建国号诏"等，直接反映了元大都规划建设之际的政治文化面貌；"工部"部分则包含桥梁、道路、城墙、官署、寺观的营建制度①。

三　官修地理志

《大都路图册》是元代大都路总管府官修的地方志，原书应有文有图，惜已失传。今存《元一统志》中多处引用，内容涉及元大都山川、寺观、桥梁、关隘、冢墓、古迹等。《元一统志》为孛兰肹等撰，成书晚于《大都路图册》，是元代官修的全国性地理总志，全书分为建置沿革、坊郭乡镇、里至、山川、土产、风俗形势、古迹、宦迹、人物、仙释等门类，对研究元大都的空间布局具有较高的史料价值②。明清两代北京地区的官修地理志书，也可作为研究元大都的辅助材料，如明洪武初年刘崧编撰的《北平府图经志书》（佚文）、明永乐、万历以及清康熙、光绪年间官修的《顺天府志》等③。

四　地记、方志、游记、杂记等

元代李洧孙所著《皇元建都记》也称《大都赋》，作于大德二年（1298 年），距离至元二十二年（1285 年）忽必烈诏告旧京居民迁入元大都仅 14 年，是佐证"元大都方位制度"的核心文献。全文从天文、地理、风俗、方物、遗迹、都城、职贡、兴农、出行、游

---

① ［元］不著撰人，陈高华等校点：《元典章》，北京：中华书局，2011 年。
② ［元］孛兰肹等著，赵万里校辑：《元一统志》，北京：中华书局，1966 年。
③ ［清］周家楣、缪荃孙等编纂：《光绪顺天府志》，北京：北京出版社，2015 年。

猎等方面，全面介绍了元大都的风貌和文化。其中地理部分，分为远郊及近郊两个尺度。都城部分，分为轴线、城墙、道路、城坊、宫城、庭、水系、御苑、宗庙、官署、对外交通、市场十二个部分。赋中还特别记载了元大都主要功能区"象天法地"的规划布局①。元末熊梦祥所著《析津志》对元大都的城垣街市、朝堂公宇、河闸桥梁、名胜古迹、人物名宦、山川风物、物产矿藏、岁时风尚、百官学校等有翔实记载，是研究元大都的重要资料，原书早已失传，经北京图书馆善本组整理，汇为《析津志辑佚》出版②。元末陶宗仪所著《南村辍耕录》记载了元代社会的诸多掌故，对于了解元代社会生活很有价值，其中"宫阙制度"一卷详细描述了元大都的宫殿布局和形制③。陶氏还撰有《元氏掖庭记》，记述了元宫廷的建筑和生活④。元人王士点所著《禁扁》，录有元宫殿名称，可作为研究元大内规划布局的参考资料⑤。

明初洪武年间萧洵奉命拆毁元宫殿时，作《故宫遗录》，对元宫殿的门阙、楼台、殿宇、苑囿等进行了详细的记录，是复原元宫城及苑囿的重要依据⑥。由于明北京城与元大都南半部相互叠压，因此，明代北京地方志、游记在述及山川地理、城市沿革、文物古迹等内容时，或多或少会对元代遗迹进行回顾和分析，这为研究元大都布局提供了重要线索。其中比较有代表性的如《北平考》⑦、张爵的《京师五城坊巷胡同集》⑧、沈榜的《宛署杂记》⑨、蒋一葵的《长安客话》⑩、刘若愚的《酌中志》⑪、孙国敉的《燕都游览志》⑫和刘侗等的《帝京景物略》⑬等。

① ［元］李洧孙：《皇元建都记》，载［清］于敏中等编撰：《钦定日下旧闻考》，北京：北京古籍出版社，1985年。
② ［元］熊梦祥著，北京图书馆善本组辑：《析津志辑佚》，北京：北京古籍出版社，1983年。
③ ［元］陶宗仪：《南村辍耕录》，北京：中华书局，1959年。
④ ［元］陶宗仪：《元氏掖庭记》，载［元］陶宗仪：《说郛三种》，上海：上海古籍出版社，2012年。
⑤ ［元］王士点：《营造经典集成（第四辑）：禁扁》，北京：中国建筑工业出版社，2010年。
⑥ ［明］萧洵：《故宫遗录》，北京：北京出版社，1963年。
⑦ ［明］不著撰人：《北平考》，北京：北京出版社，1963年。
⑧ ［明］张爵：《京师五城坊巷胡同集》，北京：北京古籍出版社，1982年。
⑨ ［明］沈榜：《宛署杂记》，北京：北京古籍出版社，1982年。
⑩ ［明］蒋一葵：《长安客话》，北京：北京古籍出版社，1994年。
⑪ ［明］刘若愚：《酌中志》，北京：北京古籍出版社，2000年。
⑫ 见车萍萍：《北京历史文献的辑佚学研究》，首都师范大学（硕士论文），2007年。
⑬ ［明］刘侗、于奕正：《帝京景物略》，北京：北京古籍出版社，2000年。

　　清康熙年间朱彝尊编纂《日下旧闻》，博采群书，搜集了许多关于元大都的珍贵史料。乾隆年间经于敏中等修编，定名为《钦定日下旧闻考》，收入《四库全书》，被誉为"千古舆图，当以此本为准绳"①。吴长元的《宸垣识略》在上述两书基础上，根据实地考查，进行了增补和修正，并补充了若干地图，具有较高的史料价值②。明末清初学者顾炎武考证北京地区的历史遗迹，著作有《北平古今记》《万岁山考》，资料详实，考据精审，对研究元大都建制、沿革、发展演变有较高价值③。同样，清人游记、杂记对元大都研究也具有参考价值，比较有代表性的如孙承泽所著《春明梦余录》④《天府广记》⑤ 等。

　　故宫博物院藏相地类书籍《平砂玉尺经》⑥ 和《水龙经》⑦，同为明代刘基注解，前者被传为元代刘秉忠所著，后者著作时代更早。两书一重地形，一重水脉，包含了以天象格局定地理形势的内容，可以作为从"象天法地"视角研究元大都选址和布局的参考材料。

五　文学作品

　　元代苏天爵所撰《元朝名臣事略》收录了元朝开国功臣等四十余人的传记，为从人物史角度研究元大都提供了细致的材料⑧。苏氏还编有《元文类》，收录了元代著名文人的诗、文八百余篇⑨。此外，元人文集如刘秉忠的《藏春集》⑩、王恽的《秋涧集》⑪、

---

①　［清］于敏中等编撰：《钦定日下旧闻考》。

②　［清］吴长元辑：《宸垣识略》，北京：北京出版社，2015 年。

③　见车萍萍：《北京历史文献的辑佚学研究》。

④　［清］孙承泽著、王剑英点校：《春明梦余录》，北京：北京出版社，2018 年。

⑤　［清］孙承泽：《天府广记》，北京：北京古籍出版社，1984 年。

⑥　［元］刘秉忠述：《新刻石函平砂玉尺经》，海口：海南出版社，2003 年。

⑦　［清］蒋平阶辑，李峰整理：《水龙经》，海口：海南出版社，2003 年。

⑧　［元］苏天爵：《元朝名臣事略》，北京：中华书局，1996 年。

⑨　［元］苏天爵：《元文类》，上海：商务印书馆，1936 年。

⑩　［元］刘秉忠撰，李昕太等点注：《藏春集点注》，石家庄：花山文艺出版社，1993 年。

⑪　［元］王恽著，杨讷编：《秋涧集》，北京：中华书局，2014 年。

张昱的《可闲老人集》①、赵孟頫的《松雪斋集》②、虞集的《道园学古录》③、汪元量的《湖山类稿》④、郝经的《陵川集》⑤、姚燧的《牧庵集》⑥、张养浩的《归田类稿》⑦ 等，包含了与元大都和元代宫廷生活相关的内容。元宫词和元曲中也包含了大量与元大都相关的诗词曲赋，如元人柯九思等所著宫词⑧、明初朱有燉所著《元宫词百章》⑨、明人藏懋循所著《元曲选》⑩ 等。

作为当时的国际性大都市，元大都还吸引了不少外国人，他们在游历元大都之后留下游记。如意大利人马可·波罗的《马可·波罗行纪》⑪、鄂多立克修士的《鄂多立克东游录》⑫，有大量篇幅是关于忽必烈和大都城的描述。

第二节　历史地理

历史地理的研究勾勒出元大都范围内的山川形势、交通走向、水利设施，是元大都选址定基的地理基础，也是元大都规划构建整体空间秩序的依据。北京历史地图、地形图、航拍照片等材料为复原元大都空间格局提供了直接的依据。在 GIS 技术的辅助下，整合前人在元大都历史地理方面的研究成果，建构区域数字地理模型，可以生动地展示元大都规划之初的历史地理空间信息，以探求元大都选址规划的合理性和必然性。

---

① ［元］张昱：《可闲老人集》，载《钦定四库全书·集部》，文渊阁本。也可参考陈学霖：《张昱〈辇下曲〉与元大都史料》，载陈学霖：《史林漫识》，北京：中国友谊出版公司，2001 年。
② ［元］赵孟頫：《松雪斋集》，杭州：西泠印社出版社，2010 年。
③ ［元］虞集：《道园学古录》，上海：商务印书馆，1937 年。
④ ［南宋～元］汪元量著，孔凡礼编：《增订湖山类稿》，北京：中华书局，1984 年。
⑤ ［元］郝经著，杨讷编：《陵川集》，北京：中华书局，2014 年。
⑥ ［元］姚燧著，杨讷编：《牧庵集》，北京：中华书局，2014 年。
⑦ ［元］张养浩：《归田类稿》，载《钦定四库全书·集部》，文渊阁本。
⑧ ［元］柯九思等著：《辽金元宫词》，北京：北京古籍出版社，1988 年。
⑨ ［明］朱有燉著，傅乐淑注：《元宫词百章笺注》，北京：书目文献出版社，1995 年。
⑩ ［明］藏懋循编：《元曲选》，杭州：浙江古籍出版社，1998 年。
⑪ ［意］马可·波罗著，［法］沙海昂注，冯承钧译：《马可波罗行纪》，北京：商务印书馆，2012 年。
⑫ 何高济译：《海屯行纪·鄂多立克东游录·沙哈鲁遣使中国记》，北京：中华书局，2002 年。

中国国家图书馆等编著的《北京古地图集》包含了宋、元、明、清四朝至 1949 年的关于北京的中外古旧地图①。中国第一历史档案馆藏《舆图汇集》包含了清康熙至光绪年间的北京历史地图；其中，清咸丰年间（1851 ~ 1861 年）《天津至京都水陆地里全图》是目前所见最早的包含了元大都北半部城墙的公尺丈量地图；光绪二十九年（1903 年）《北京城图》是由德国人测绘的北京地图，同样绘制了当时都城北面的元大都城墙遗址②。1943 年北京城区航拍图和 1949 年北京城图，也清晰地保留了城市北部遗存的元大都城墙遗址。1917 年《京都市内外城地图》是根据当时民国政府官方实测的全城各高程点编绘的详细地图，包含了北京内、外城范围的等高线③。岳升阳主编的《侯仁之与北京地图》内含北京城四郊的地形图④。上述几份地图资料拼合，可以为构建元大都历史地理信息模型提供基础数据。此外，徐苹芳编著的《明清北京城图》⑤、李刚撰写的《近五十年元大都城垣变迁及保存现状调查》⑥也可为元大都遗址的定位提供参考。

侯仁之是研究北京地区历史地理的泰斗，他 1949 年在英国利物浦大学完成的博士论文《北平历史地理》中论及元朝都城时，突出了城市与水系的关系，并据此复原了元大都的城市平面，此书已于 2014 年出版中文版⑦。随后，侯仁之继续从河湖水系和地理环境的变迁入手，系统地揭示了北京地区城市起源、发展和城址转移的过程⑧。北京大学城市与环境学院的师生以侯仁之的工作成果为基础，进一步细化了北京历史时期的水系分布。邓辉等复原了元代北京地区的原始湖泊水系、人工修建的白浮泉—高梁河—积水潭漕运系统和玉泉山—金水河—太液池宫

---

① 中国国家图书馆、测绘出版社编著：《北京古地图集》，北京：测绘出版社，2010 年。

② 详见中国第一历史档案馆官网（http://www.lsdag.com）。

③ 以上三幅地图为中国社会科学院考古研究所所藏资料。

④ 岳升阳主编：《侯仁之与北京地图》，北京：北京科学技术出版社，2012 年。

⑤ 徐苹芳编著：《明清北京城图》，北京：地图出版社，1986 年。

⑥ 李刚：《近五十年元大都城垣变迁及保存现状调查》，载北京联合大学北京学研究所等：《北京学研究文集 2006》，北京：同心出版社，2006 年。

⑦ 侯仁之著，邓辉、申雨平、毛怡译：《北平历史地理》，北京：外语教学与研究出版社，2014 年。

⑧ 侯仁之：《试论元大都城的规划设计》，《城市规划》1997 年第 3 期；侯仁之主编：《北京城市历史地理》，北京：北京燕山出版社，2000 年。

苑用水系统①。岳升阳等对金口河遗迹的勘探，揭示了金、元、明各时期的金口河河道的变迁；对什刹海湖岸演变的研究，明晰了元代海子北岸和东岸的范围；通过考古勘探，明确了古高梁河的河道走向②。

第三节　考　古

元大都的考古工作始于 20 世纪 60 年代，伴随北京城市建设而展开。王璞子根据人民大会堂施工时发现的府前街城壕遗址，确定了元大都外郭城南墙在今东、西长安街一线③。1964～1974 年，中国科学院考古研究所和北京市文物工作队先后勘查了元大都的城郭、街道与河湖水系等遗迹，发掘了十余处不同类型的建筑基址，基本探明了元大都外郭城的形制和范围、皇城和宫城的范围，并出版了一批考古报告，如 1972 年《元大都的勘查和发掘》《北京后英房元代居住遗址》，1973 年《北京西绦胡同和后桃园的元代居住遗址》等④。

徐苹芳记录整理的赵正之遗著《元大都平面规划复原的研究》最早于 1962 年成文，后于 1979 年正式出版，此作在考古工作的基础上，进一步指出东、西长安街以北的街道和胡同基本都是元大都的遗存⑤。主持元大都考古工作的徐苹芳后来证实了

---

① 邓辉、罗潇：《历史时期分布在北京平原上的泉水与湖泊》，《地理科学》2011 年第 11 期；邓辉：《元大都内部河湖水系的空间分布特点》，《中国历史地理论丛》2012 年第 3 期。

② 岳升阳、孙洪伟、徐海鹏：《国家大剧院工地的金口河遗迹考察》，《北京大学学报（哲学社会科学版）》2002 年第 3 期；岳升阳、马悦婷：《元大都海子东岸遗迹与大都城中轴线》，《北京社会科学》2014 年第 4 期；马悦婷、岳升阳、徐海鹏、张鹏飞：《汉代至元代北京什刹海成湖的地层证据——以小石碑胡同工地西壁南剖面为例》，《北京大学学报（自然科学版）》2015 年第 3 期；岳升阳、马悦婷、齐乌云、徐海鹏：《古高梁河演变及其与王蓟城的关系》，《古地理学报》2017 年第 4 期。

③ 王璞子：《元大都城平面规划述略》，《故宫博物院院刊》1960 年第 0 期。

④ 中国科学院考古研究所元大都考古队、北京市文物管理处元大都考古队：《元大都的勘查和发掘》，《考古》1972 年第 1 期；中国科学院考古研究所元大都考古队、北京市文物管理处元大都考古队：《北京后英房元代居住遗址》，《考古》1972 年第 6 期；中国科学院考古研究所元大都考古队、北京市文物管理处元大都考古队：《北京西绦胡同和后桃园的元代居住遗址》，《考古》1973 年第 5 期。

⑤ 赵正之：《元大都平面规划复原的研究》，载《建筑史专辑》编辑委员会：《科技史文集（第二辑）》，上海：上海科学技术出版社，1979 年。

赵正之的观点，并提出依据历史地图和现存街道肌理推测元大都建筑群位置的方法，发表了一系列论文，如《元大都枢密院址考》《元大都御史台址考》《元大都中书省址考》《元大都路总管府址考》《元大都太史院址考》等，获得了学界的认可①。徐苹芳绘制的《元大都城图》收入《中国大百科全书·考古学·元大都遗址》，是目前比较权威的元大都复原图②。近年来，林梅村进一步补充了对元大都会同馆、中书省、钟楼市、宣徽院、太乙宫、南镇国寺的位置以及金水河水系走向的考证③。

除了北城墙和城门遗址外，现存元大都遗址还包括都城隍庙、海子水系、妙应寺白塔等。明清故宫及其周边范围内发现的元代地面遗存包括断虹桥④、浴德堂浴室和大庖井⑤、金水河故道。考古判断为元代建筑遗址的地下遗存包括隆宗门西的元代建筑基础⑥、保和殿东庑外箭亭西的元代排水沟、西二长街南端和神武门内东长房南的元代建筑基础⑦、东西护城河内河帮的元代条石⑧、十八槐的元代地层⑨等。

随着考古发掘工作的推进，元大都的整体格局逐渐显现，但对考古成果的判定，仍存在不少争议，需要通过文献研究、实地踏勘以及综合性的分析加以甄别。

① 徐苹芳：《中国城市考古学论集》，上海：上海古籍出版社，2015年。
② 徐苹芳：《元大都城图》，载《中国大百科全书·考古学·元大都遗址》，北京：中国大百科全书出版社，1986年。
③ 林梅村：《大朝春秋——蒙元考古与艺术》，北京：故宫出版社，2013年；林梅村：《元大都西太乙宫考——北京西城区后英房和后桃园元代遗址出土文物研究》，《博物院》2018年第6期；林梅村：《元大都南镇国寺考》，《中国文化》2018年第2期。
④ 姜舜源：《故宫断虹桥为元代周桥考——元大都中轴线新证》，《故宫博物院院刊》1990年第4期；林梅村：《元宫廷石雕艺术源流考（上）》，《紫禁城》2008年第6期；林梅村：《元宫廷石雕艺术源流考（下）》，《紫禁城》2008年第7期。
⑤ 单士元：《故宫武英殿浴德堂考》，《故宫博物院院刊》1985年第3期；王子林：《故宫浴德堂浴室新解》，《紫禁城》2011年第11期；王光尧：《故宫浴德堂浴室建筑文化源头考察——海外考古调查札记（六）》，《故宫博物院院刊》2021年第11期。
⑥ 徐华烽：《隆宗门西遗址发现元明清故宫"三叠层"》，《紫禁城》2017年第5期。
⑦ 白丽娟、王景福：《故宫建筑基础的调查研究》，载于倬云编：《紫禁城建筑研究与保护——故宫博物院建院70周年回顾》，北京：紫禁城出版社，1995年。
⑧ 蒋博光：《紫禁城排水与北京城沟渠述略附：清代北京城沟渠河道修浚大事记》，载单士元、于倬云编：《中国紫禁城学会论文集（第一辑）》，北京：紫禁城出版社，1997年。
⑨ 徐华烽：《隆宗门西遗址发现元明清故宫"三叠层"》。

第四节　建筑与城市规划史

　　元大都的规划设计一直是建筑与城市规划领域的研究热点，学者之间理论争锋，显示出这一课题广阔的研究前景。早期学者主要是依据文献考证元大都规划设计思想和空间结果，如奉宽的《燕京故城考》[①]，朱启钤和阚铎的《元大都宫苑图考》[②]，王璧文（王璞子）的《元大都城坊考》[③]，朱偰的《元大都宫殿图考》[④]，王璧文的《元大都寺观庙宇建置沿革考》等[⑤]，都是最早关于元大都复原研究的论著。著名建筑学家梁思成在《北京——都市计划的无比杰作》一文中，对元大都的选址、布局、形制也有综合性的论述[⑥]。

　　20 世纪 60 年代以来的考古发现更是直接推动了元大都空间布局和建城思想的研究，在都城范围、中心、轴线、布局以及建城思想等方面形成了丰富的研究成果，下面分而述之。

一　都城范围

　　元大都的宫城、皇城、都城的长、宽数据在《辍耕录》中均有明确记载："宫城周回九里三十步，东西四百八十步，南北六百十五步。""（皇城）周回可二十里。""（都）城方六十里，里二百四十步。"《明太祖实录》中也包含一些明初测量和改建元大都的数据。因此，确定元大都范围的难点其实在于明确规划之时所使用的尺度。早期学者主要从宫城数据推算元大都规划尺度，如朱启钤和阚铎在推算元大内平面时，

①　奉宽：《燕京故城考》，《燕京学报》1927 年第 5 期。
②　朱启钤、阚铎：《元大都宫苑图考》，《中国营造学社汇刊》1930 年第 2 期。
③　王璧文：《元大都城坊考》，《中国营造学社汇刊》1936 年第 3 期。
④　朱偰：《元大都宫殿图考》，上海：商务印书馆，1936 年。
⑤　王璧文：《元大都寺观庙宇建置沿革考》，《中国营造学社汇刊》1937 年第 4 期。
⑥　梁思成：《北京——都市计划的无比杰作》，《新观察》1951 年第 7 ~ 8 期。

取宋布帛尺的 1 尺 =0.283 米为基本尺度，依照清代法式，得出元大内与明清故宫基本叠合的结论。朱偰以 1 里 =360 步推演，认为元大内应为六里三十步，而非九里三十步。王璧文注意到《辍耕录》中"里二百四十步"的记载，以 1 里 =240 步，将宫城周长"九里三十步"与长"六百十五步"、宽"四百八十步"数据统一起来。

上述多种关于元大都规划尺度的推算，以王璧文 1 里 =240 步的观点与文献拟合最好。这与通常认为的元代 1 里 =300 步不同。究其原因，应是在规划元大内之初，"制度结构，取法汴京"，在尺度上采用金制，以 240 步为 1 里。按照 1 尺 = 0.315米，1 步 =5 尺，1 里 =240 步计算，"九里三十步"恰好是长宽为"四百八十步"和"六百十五步"的矩形的周长，说明《辍耕录》关于元代尺度和宫城的数据是准确的。然而，都城规划所使用的尺度，与宫城并不相同。元宫殿为阿拉伯人也黑迭儿负责规划建设，模仿金中都，使用金代尺度。而元大都的整体规划则由刘秉忠负责，其营建晚于宫城，推断此时度量衡等制度已经完善，因此使用的是 1 里 =300 步的元里制。

在明确宫殿与都城规划采用了两套不同尺度之后，依据历史地图、考古成果、航拍照片等，可以确定元大都都城、皇城、宫城的范围和主要城门的位置。

二　都城中心和轴线

元大都设置"中心台"标志都城中心，这在中国古代都城规划史上别具一格，中心台的位置又与中轴线、宫城紧密相连，历来是元大都规划研究的重点和争论的焦点。中心台的位置争议颇多，而中轴线的位置也有"武英殿轴线说""断虹桥轴线说""明清故宫轴线说"三种观点。

自《钦定日下旧闻考》开始，至近代奉宽[1]、朱偰[2]、王璧文[3]，以及王子林[4]等都认为元大都中轴线在旧鼓楼大街一线，也就是明清中轴线西侧的武英殿轴线一

① 奉宽：《燕京故城考》。
② 朱偰：《元大都宫殿图考》。
③ 王璧文：《元大都城坊考》。
④ 王子林：《元大内与紫禁城中轴的东移》，《紫禁城》2017 年第 5 期。

线。但据此复原的元大内及北部"八顷熟地"的西边界，会侵入北海水面。北海始建于金世宗大定三年（1163 年），其岸线和琼华岛均以太湖石堆砌。元大内选址时，不会不考虑北海水面的影响。据此，"武英殿轴线说"可以排除。

姜舜源认为断虹桥即元代周桥，继而提出了元大都中轴线在断虹桥一线的说法①。但同样，据此复原的元大内及北部御苑，会侵入北海水面。并且，新近考古勘探表明，断虹桥实为明初移建或重建②。据此，"断虹桥轴线说"可以排除。

另一方面，赵正之指出元代中轴线即明清中轴线，元大都的考古勘查成果也支持这一观点。侯仁之③、单士元④、王灿炽⑤、姜东成⑥、王世仁⑦、郭超⑧、岳升阳和马悦婷⑨、张一指⑩、武廷海⑪等均从不同角度论证了这一观点。目前看来，"明清故宫轴线说"是比较可信的。

三　都城布局

元大都的布局复原，主要采取"历史街巷比较"和"模数制"的推算法。傅熹年所著《元大都大内宫殿的复原研究》一文，复原了元大都宫城大明殿与延春阁建筑群的布局，详细列出各城门的尺寸及复原推算结果，并绘出重要建筑单体的复原图⑫。杨宽所著《中国古代都城制度史研究》对元大都主要功能区

① 姜舜源：《故宫断虹桥为元代周桥考——元大都中轴线新证》。
② 徐海峰：《古桥一隅寻踪迹——断虹桥桥头西南侧考古》，《紫禁城》2017 年第 5 期。
③ 侯仁之：《元大都城与明清北京城》。
④ 单士元：《故宫武英殿浴德堂考》。
⑤ 王灿炽：《元大都钟鼓楼考》，《故宫博物院院刊》1985 年第 4 期。
⑥ 姜东成：《元大都城市形态与建筑群基址规模研究》，清华大学（博士论文），2007 年。
⑦ 王世仁：《北京古都中轴线确定之谜》，《北京规划建设》2012 年第 2 期。
⑧ 郭超：《北京中轴线变迁研究》，北京：学苑出版社，2012 年；郭超：《元大都的规划与复原》，北京：中华书局，2016 年。
⑨ 岳升阳、马悦婷：《元大都海子东岸遗迹与大都城中轴线》。
⑩ 张一指：《恭王府风水大观》，北京：新星出版社，2012 年。
⑪ 武廷海、王学荣、叶亚乐：《元大都城市中轴线研究——兼论中心台与独树将军的位置》，《城市规划》2018 年第 10 期。
⑫ 傅熹年：《元大都大内宫殿的复原研究》。

进行了复原，并注意到元大都规划采取了"八亩一分"的居住模式①。随后，傅熹年所著《中国古代城市规划、建筑群布局及建筑设计方法研究》从"模数制"的角度出发，对元大都整体规划与建筑群布局进行了探讨②。姜东成综合前人研究方法，提出"元大都城市平格网"的概念，对元大都建筑群基址规模与平面布局进行复原③。

四 建城思想

有关元大都建城思想的源头，目前形成了"周礼说""周易说"和"象天法地说"三种观点。早期学者如贺业钜主要从《考工记·匠人营国》所载都城制度剖析元大都的规划思想④。黄建军和于希贤、马樱滨也对此说有深入的分析⑤。随后，部分学者注意到元大都规划更多受到《周易》思想的影响，而非《周礼》。如潘谷西指出，元大都"不但不是复《考工记》之古的都城典型，相反，倒是一个充分因地制宜、兼收并蓄、富有创新精神的都城建设范例"⑥。侯仁之指出，阴阳五行学说和刘秉忠思想是研究元大都规划思想的关键，"过去讨论大都城的规划设计，着重说明的是以《周礼·考工记》中'匠人营国'的规制为根据，实际上两者之间仍有明显的差异"⑦。于希贤利用易学思想，详细探讨了元大都城坊名称、数目与《周易》象数的关系⑧。武廷海从刘秉忠思想入手，指出元大都规划秉承了邵雍"先天

---

① 杨宽：《中国古代都城制度史研究》，上海：上海古籍出版社，1993 年。

② 傅熹年：《中国古代城市规划、建筑群布局及建筑设计方法研究》，北京：中国建筑工业出版社，2001 年。

③ 姜东成：《元大都城市形态与建筑群基址规模研究》。

④ 贺业钜：《考工记营国制度研究》，北京：中国建筑工业出版社，1985 年；贺业钜：《中国古代城市规划史》，北京：中国建筑工业出版社，1996 年。

⑤ 黄建军、于希贤：《〈周礼·考工记〉与元大都规划》，《文博》2002 年第 3 期；马樱滨：《从理念到实践：论元大都的城市规划与〈周礼·考工记〉之间的关联》，复旦大学（硕士论文），2008 年。

⑥ 潘谷西：《元大都规划并非复古之作——对元大都建城模式的再认识》，载中国紫禁城学会：《中国紫禁城学会论文集（第二辑）》，中国紫禁城学会，1997 年。

⑦ 侯仁之：《试论元大都城的规划设计》。

⑧ 于希贤：《〈周易〉象数与元大都规划布局》，《故宫博物院院刊》1999 年第 2 期。

图"模式①。元大都规划所蕴含的"象天法地"思想也得到关注。如吴庆洲认为，"元大都以《周易》象数哲学为规划指导思想，另将宫城置于三垣中之太微垣之位。太微乃三光之廷。三光为日、月、五星。太微垣实为太阳神之宫。这与蒙古人信奉的喇嘛教尊崇吡卢遮那佛即太日如来有关，也与蒙古人为东夷族的后裔有关。元人选择太微垣为宫城之位，不用北辰宇宙模式"②。

由于元大都的南部遗迹叠压于紫禁城现有建筑之下，无法开展大规模的考古发掘，亟需引入新的材料和方法进行论证。在元人李洧孙《皇元建都记》（也称《大都赋》）及熊梦祥《析津志》等文献中，明确记载了元大都规划具有"象天法地"的特征；元大都的缔造者忽必烈崇天象、好占卜；总规划师刘秉忠精通天文、地理、律历、易学；其弟子郭守敬不仅在天文学上卓有建树，而且参与了元大都的水系规划。这些都为从"象天法地"视角研究元大都规划提供了新的思路。

元大都"象天法地"规划的研究，主要是运用"天地对应"的空间模式来解释元大都的规划布局，因此，对元初天文图式的研究就成为其中的重要内容。遗憾的是，虽然元代天文学的发展大放异彩，涌现出郭守敬这样著名的天文学家，但没有传世的天文图。因此，只能依据前后时期的天文图，与《宋史·天文志》《元史·天文志》等官方文献相互参看，并辅以天文复原软件 Stellarium，综合探求元代天文图的空间模式。

传世星图中，距离元大都规划时间最近的两幅绘制精良的天文图，分别是南宋苏州石刻天文图和明代北京隆福寺万善正觉殿藻井天文图③。南宋陈元靓的《事林广记》经元、明初人翻刻增补，内含两幅比较粗略的天文图，也可作为参考④。关于南宋苏州石刻天文图，席泽宗考证其为南宋黄裳所绘，但依据的是北宋元丰年间（1078～1085 年）的观测数据⑤；潘鼐进一步校核了此图所绘的星象⑥。关于明代北

---

① 武廷海：《元大都规画猜想》，第 4 届城市规划历史与理论高级学术研讨会暨中国城市规划学会城市规划历史与理论学术委员会年会，东南大学建筑学院，2012 年 11 月 19 日。

② 吴庆洲：《建筑哲理、意匠与文化》，北京：中国建筑工业出版社，2005 年。

③ 中国社会科学院考古研究所编著：《中国古代天文文物图集》，北京：文物出版社，1980 年。

④ ［南宋～元］陈元靓：《事林广记》，北京：中华书局，1963 年。

⑤ 席泽宗：《苏州石刻天文图》，《文物参考资料》1958 年第 7 期。

⑥ 潘鼐：《苏州南宋天文图碑的考释与批判》，《考古学报》1976 年第 1 期。

京隆福寺万善正觉殿藻井天文图，伊世同认为此图依据的是唐代星图[1]；而潘鼐则认为此图本自元、明官方天文图[2]。不过，上述争论并不妨碍关于此天文图的空间模式的研究。无论是南宋苏州天文图，还是明代隆福寺天文图，二者所反映的都是隋唐《步天歌》以来确定的"三垣二十八宿"的天空格局，与历史文献中关于元大都"象天法地"的记载是一致的。利用天文软件 Stellarium 的技术，可以精确地复原元大都规划之初的星空结构，弥补缺乏元代天文图实物的遗憾，通过比对考古发掘和历史研究的成果，进一步探究元大都的空间布局模式。

第五节　相关都城复原研究

元大都与前后时期都城在规划形制上的延续也获得了学界的关注。元大都与金中都近在咫尺，使用时间上前后衔接，其宫城规划受金中都影响较大。蒙元时期还有其他三个都城，如窝阔台建于太宗七年（1235 年）的哈拉和林，忽必烈建于宪宗六年（1256 年）的元上都，以及海山建于大德十一年（1307 年）的元中都。其中，哈拉和林、金中都、元上都的规划，可能对元大都规划产生重要影响；而元中都的规划，则可能反映出对元大都规划模式的继承。明代三都中，明中都、明南京紧承元大都之后修建，明北京则直接建于元大都基址之上。有关明三都的研究可以为元大都规划复原提供有益的参考。

金中都的考古发掘于 20 世纪 50～60 年代展开，由阎文儒、徐苹芳主持，相关研究成果可参见于杰和于光度[3]、齐心[4]、侯仁之和岳升阳[5]等的论著。

---

① 伊世同：《〈步天歌〉星象——中国传承星象的晚期定型》，《株洲工学院学报》2001 年第 1 期。

② 潘鼐：《中国古天文图录》，上海：上海科技教育出版社，2009 年。

③ 于杰、于光度：《金中都》，北京：北京出版社，1989 年。

④ 齐心：《近年来金中都考古的重大发现与研究》，载中国古都学会：《中国古都研究（第十二辑）——中国古都学会第十二届年会论文集》，太原：山西人民出版社，1994 年；齐心：《金中都宫、苑考》，载北京市文物研究所编：《北京文物与考古（第六辑）》，北京：民族出版社，2004 年。

⑤ 侯仁之、岳升阳：《北京宣南历史地图集》，北京：学苑出版社，2005 年。

哈拉和林的考古发掘是由前苏联学者 C. B. 吉谢列夫在 20 世纪 40～50 年代率队开展，1965 年即有研究报告出版，2016 年翻译为中文出版，是目前有关哈拉和林城最为翔实的考古材料①。

元上都的考古和平面复原工作可参考魏坚等编写的考古报告②，以及张文芳和王大方③、陈高华和史卫民④、英国学者约翰·曼⑤等的研究。

元中都的平面布局可参考河北省文物研究所编写的考古报告⑥，以及孙晓雯⑦、陈筱⑧等学者的研究。

明中都的研究成果中，以王剑英的论著为突出代表⑨。明南京的研究成果可参看杨国庆和王志高⑩，杨新华⑪等的论著。

明北京的研究成果相对比较丰富，其中涉及元明之际城市规划变迁研究的主要有贺树德⑫、单士元⑬、王剑英和王红⑭、李燮平⑮、陈晓虎⑯等。

此外，还有部分学者对上述多个都城的规划模式进行了综合性的比较研究，如

---

① ［前苏联］C. B. 吉谢列夫著，孙危译：《古代蒙古城市》，北京：商务印书馆，2016 年。

② 魏坚、内蒙古自治区文物考古研究所、中国人民大学北方民族考古研究所：《元上都》，北京：中国大百科全书出版社，2008 年。

③ 张文芳、王大方：《走进元上都》，呼和浩特：内蒙古大学出版社，2005 年。

④ 陈高华、史卫民：《元代大都上都研究》，北京：中国人民大学出版社，2010 年。

⑤ ［英］约翰·曼著，陈一鸣译：《元上都：马可·波罗以及欧洲对东方的发现》，呼和浩特：内蒙古人民出版社，2014 年。

⑥ 河北省文物研究所编著：《元中都：1998～2003 年发掘报告》，北京：文物出版社，2012 年。

⑦ 孙晓雯：《元中都营建之原因、过程与影响》，内蒙古大学（硕士论文），2013 年。

⑧ 陈筱：《元中都建筑遗迹的考古调查与复原》，《中国建筑史论汇刊》2014 年第 1 期。

⑨ 王剑英：《明中都》，北京：中华书局，1992 年。王剑英：《明中都研究》，北京：中国青年出版社，2005 年。

⑩ 杨国庆、王志高：《南京城墙志》，南京：凤凰出版社，2008 年。

⑪ 杨新华主编：《南京明故宫》，南京：南京出版社，2009 年。

⑫ 贺树德：《明代北京城的营建及其特点》，《北京社会科学》1990 年第 2 期。

⑬ 单士元：《明代营建北京的四个时期》，载于倬云编：《紫禁城建筑研究与保护——故宫博物院建院 70 周年回顾》，北京：紫禁城出版社，1995 年。

⑭ 王剑英、王红：《论从元大都到明北京宫阙的演变》，载单士元、于倬云编：《中国紫禁城学会论文集（第一辑）》，北京：紫禁城出版社，1997 年。

⑮ 李燮平：《明代北京都城营建丛考》，北京：紫禁城出版社，2006 年。

⑯ 陈晓虎：《明清北京城墙的布局与构成研究及城垣复原》，北京建筑大学（硕士论文），2015 年。

刘庆柱①、刘未②、林梅村③、包慕萍④、陈怀仁⑤、陈筱和孙华⑥等。

国际上对元大都的研究，主要由日本学者推动。20 世纪 20 年代，中国学的兴起引发了日本学者对元大都（元大内）的关注。相对于中国学者更注重空间复原，日本学者的研究主要基于史料考证，即关注空间形成的原因及其历史地位。研究重点包括元大内位置偏南的原因、《考工记》对元大都规划布局的影响、元代"二都制"以及金中都与元大都的连续等⑦。此外，在日本史学界相关机构中，如京都大学人文学研究所，收藏有早期日本学者在中国实地考察所得的大批中国古代城市遗址的建筑构件、图像资料和调研报告。若能充分利用这些材料，或可为元大内规划复原提供新视角、补充新证据。

第六节　本章小结

总体看来，有关元大都的研究已经积累了相当丰富的成果，揭示出元大都规划和营建的过程、思想和方法。从现有的材料和成果来看，未来元大都的规划复原研究，有可能在以下四个方面取得突破。

其一，基于故宫考古的元大内规划复原。元大内的平面复原，已经积累了较为

---

① 刘庆柱主编：《中国古代都城考古发现与研究（上、下）》，北京：社会科学文献出版社，2016 年。

② 刘未：《蒙元创建城市的形制与规划》，《边疆考古研究》2015 年第 1 期。

③ 林梅村：《元大都形制的渊源》，《紫禁城》2007 年第 10 期。

④ 包慕萍：《从游牧文明的视角重探元大都的都市规划——从哈剌和林到元大都》，载浙江省文物考古研究所编：《宁波保国寺大殿建成 1000 周年学术研讨会暨中国建筑史学分会 2013 年会论文集》，北京：科学出版社，2013 年；包慕萍：《元大都城市规划再考：皇城位置、钟鼓楼与"胡同制"的关联》，《中国建筑史论汇刊》2014 年第 2 期。

⑤ 陈怀仁：《明初三都规划制度比较》，载郑欣淼编：《中国紫禁城学会论文集（第五辑）》，北京：紫禁城出版社，2007 年。

⑥ 陈筱、孙华：《中国近古新建都城的形态与规划——从元明中都的考古复原和对比分析出发》，《城市规划》2018 年第 8 期。

⑦ 傅舒兰：《元大都日文研究综述》，载董卫主编：《城市规划历史与理论 04》，南京：东南大学出版社，2019 年。

扎实的研究成果。而故宫博物院古建部在多年的地基勘探和地下工程施工过程中，掌握了一系列元代建筑基址的一手材料。新近成立的考古部在故宫范围内发现多处元明时期的建筑基础，为探索元大内的位置提供了关键信息。二者结合，可以实现元大内规划复原的"落地"。元大内的位置，又与元大都的中轴线、中心台和钟鼓楼等位置紧密联系。因此，以故宫博物院的建筑、考古材料为基础，以元大内的规划复原为突破点，是探索元大都的规划复原的有效路径。

其二，元大内的规划"生成"。从工具和技术的微观层面入手，可以反观古代城市规划的生成过程。首先，就元大内的时空变迁进行分析，明晰其建成初期的空间形态，其次，运用中国古代城市规划理论和方法，探讨元大内规划的"生成"逻辑。在此基础上，还可进一步比较元大都与元大内在规划"生成"中的异同。元大内对北宋汴梁、金中都宫殿有很大程度的继承，是"汴梁模式"的一个变体。明中都规划"斟酌元制"，明南京规划"循临濠之制"，明北京规划"弘敞过于南京"，明晰元大内的"生成"逻辑，对开展宋、辽、金、明等前后时期宫殿形制的研究具有重要的意义。

其三，从元大内到明北京宫殿的变迁。从元大都到明北京，宫城部分的变化是最大的，先后经历了元大内、燕王府、永乐西宫、明北京宫殿四个时期。其中，元大内、燕王府、永乐西宫的位置，历来存在争议，而明北京宫殿的位置则是确定的，因此，可以从明北京宫殿的营建和布局入手，向上推溯和梳理各个时期的空间演变，为复原元大内乃至元大都的空间布局提供参考。

其四，元大都的"象天法地"规划思想和方法。历史文献反复记载了元大都（包含元大内）的规划具有"象天法地"的显著特征。但目前相关研究还停留在定性研究的层面，缺少实证性的分析。而从"象天法地"视角研究古代都城规划布局的方法，已经在西周雒邑、秦咸阳、汉长安的研究中得到验证，具有巨大的学术潜力。对于元大都这类考古不充分的遗址，积极开展"象天法地"规划思想和方法的研究，将为明晰元大都规划格局和文化蕴含开辟更加广阔的视野。

第三章　元大内的规划复原

关于元大内的布局和形制，以元末陶宗仪所著《南村辍耕录》（下称《辍耕录》）卷二十一"宫阙制度"和明初萧洵所著《故宫遗录》的记载最为详尽。《辍耕录》包含了各宫殿建筑的形制和尺度，根据虞集所作序，实出于元《经世大典》之"宫室制度"，是官修的典章，可信度较高①。《故宫遗录》则包含了中轴线上部分建筑之间的距离，但据姜舜源、李燮平等考证，这些数据并非萧洵实地测量结果，而是为工部尚书张允所作"北平宫室图"撰写的配文，与实际情况有所出入②。除以上两部核心文献外，其他文献如元《析津志》对大内之外的建筑、桥梁、水系等均有涉及，元《禁扁》虽无各宫尺度，但记载了元大内各宫名称，可供参考，明《永乐大典》内有"元内府宫殿制作"一卷，清《日下旧闻》、清《钦定日下旧闻考》也对元宫室进行了考证，可作为复原元大内的辅助材料③。

第一节　关于元大内位置的三种观点

历史文献的不足，导致元大内的复原研究面临种种困难，虽然可以依据文

---

① 朱启钤、阚铎评价："《辍耕录》出自《经世大典》，尺度井然，远出萧洵之上。"见朱启钤、阚铎：《元大都宫苑图考》。

② 姜舜源：《元明之际北京宫殿沿革考》，《故宫博物院院刊》1991 年第 4 期；李燮平：《明代北京都城营建丛考》。

③ ［元］熊梦祥著、北京图书馆善本组辑：《析津志辑佚》；［元］王士点：《营造经典集成（第四辑）：禁扁》；［明］解缙编：《永乐大典》，北京：中华书局，1982 年；［清］于敏中等编撰：《钦定日下旧闻考》。

献数据复原各宫殿平面，但难以断定其相对位置。一直以来，元大内的复原研究工作也多依托文献，在轴线、边界、布局等问题上，囿于考古实证材料的缺乏，历来颇多争议。目前，关于元大内的位置和范围形成了以下三种具有代表性的观点：

一　元大内与明清故宫完全重合

此观点认为元大内与明清故宫在轴线和布局上完全重合。早期学者如朱启钤和阚铎依照文献数据推定元大内时，更多地参考了清故宫建筑的位置和形制，按宋布帛尺（1 尺＝0.283 米）进行复原："大内宫苑，但有局部之尺度，而无空间之距离，今按清故宫实物及法式原理，姑为推定。"① 王璧文则认为应当按金代尺度（1 里＝240 步）复原元大内，并指出元大都轴线若真如文献记载"去旧宫一里许"，即在明清故宫以西一里左右，那么按照《辍耕录》数据复原的元宫城"其西垣必达中南海之内，此为事理所绝不许可"，实际上肯定了元、明、清宫城的重合②。近年来有学者重申这一观点，如郭超考察隋代至明代的尺度演变，取元代 1 尺＝0.3145 米、1 里＝300 步，也推断出元大内与明清故宫完全叠合的结论③。

二　元大内在明清故宫之西北

此观点认为元大内轴线在明清故宫轴线以西，元大内南墙在今太和殿一线，即元大内在明清故宫西北。判断元代轴线偏西的依据主要有三：一是嘉靖以来文献关于元大都轴线"去旧宫一里许"的记载，二是认为旧鼓楼大街为元代钟鼓楼所在地，三是认为明清故宫断虹桥为元代遗物。在此基础之上建立起两种观点，一种认为元大内中轴线在武英殿—旧鼓楼大街一线，最早由朱偰提出④；侯仁之早期、王璞子

---

① 朱启钤、阚铎：《元大都宫苑图考》。
② 王璧文：《元大都城坊考》。
③ 郭超：《元大都的规划与复原》。
④ 朱偰：《元大都宫殿图考》。

（王璧文）后期也持相同观点①；新近王子林依据故宫考古发现也作此推测②。另一种观点则认为元大内中轴线在断虹桥一线（比武英殿轴线略偏东），如姜舜源考证断虹桥即元代周桥，从而划定元大内中轴线在明清故宫中轴线以西约150米③。

三　元大内在明清故宫之北

随着元大都考古工作的开展，对元大内轴线、范围的认识也取得了新的进展。元大都考古队、赵正之、侯仁之、单士元、徐苹芳等均撰文指出，元大内轴线与明清紫禁城轴线重合，其南界在今太和殿一线④。这一观点获得了较为广泛的认同。在建筑史领域，傅熹年引入了"模数制"的研究方法，广泛考察现存元代官式建筑，在修正文献数据的基础上，提出了元大内复原平面及核心建筑复原方案⑤。随后，姜东成根据《元史·祭祀志》中"游皇城"的记载，对玉德殿的位置进行了调整⑥。

总的来说，上述研究主要依据文献，但由于文献本身的缺陷，各家结论事实上都有值得商榷的余地。随着考古工作的开展，对元大内的轴线和位置逐渐有了较为清晰的认识，但其平面布局情况还有待进一步的研究。

第二节　故宫范围内的元、明遗址

由于元大内与明清故宫部分重叠，在故宫博物院范围内不断有元代建筑遗存和

---

① 侯仁之著，邓辉、申雨平、毛怡译：《北平历史地理》；王璧子：《元大都城平面规划述略》。
② 王子林：《元大内与紫禁城中轴的东移》。
③ 姜舜源：《故宫断虹桥为元代周桥考——元大都中轴线新证》。
④ 元大都考古队：《元大都的勘查和发掘》；赵正之：《元大都平面规划复原的研究》；侯仁之：《元大都城与明清北京城》；侯仁之：《试论元大都城的规划设计》；单士元：《北京明清故宫的蓝图》，载《建筑史专辑》编辑委员会：《科技史文集（第五辑）》，上海：上海科学技术出版社，1980年；徐苹芳：《元大都城图》。
⑤ 傅熹年：《元大都大内宫殿的复原研究》；傅熹年：《中国科学技术史（建筑卷）》。
⑥ 姜东成：《元大都城市形态与建筑群基址规模研究》。

元、明考古遗址的发现，为元大内的复原研究提供了重要参考。以下综合故宫博物院古建部和考古部的成果，对目前所发现的元代地面遗存、元代地下遗址和直接夯筑于生土层上的明代地下遗址进行逐一的梳理和判断。

一　元代地面遗存

（一）断虹桥

断虹桥位于故宫西路、武英殿东侧。单士元指出，其"栏板图案雕刻古朴、构筑精美，非明清时代所有之物，考古学者多认为系元代所建"[1]。林梅村依据文献判断其为元大内云从门外的朝宗桥[2]。姜舜源则认为其应为元大内正南门外的周桥[3]。本文认为，首先，如果断虹桥为周桥，即元大内中轴线在断虹桥一线，那么依据文献数据复原的元大内及其北部御苑的西边界就会侵入北海，这显然于事理不合。其次，元代张昱《辇下曲》记载了周桥（也称州桥）的形式："州桥拜伏两珉龙，向下天潢一派通。四海仰瞻天子气，日行黄道贯当中。"张昱《宫中词》还有："棂星门与州桥近，黄道中间御气高。拜伏龙眠金水上，镇安四海息波涛。"[4] 二者皆反映周桥的特征是有两条"拜伏"状龙，从两条这个数量来看，应是指桥头或桥身上的镇水兽而不是栏板。仔细观察断虹桥的桥头，可以发现两龙呈蹲坐状，而不是拜伏状；桥身上的镇水兽仅为兽首，也非拜伏状（图3.1）。两方面的结果都显示，断虹桥不应是元大内周桥，而应是周桥西边的朝宗桥。

断虹桥西南角的考古探勘发现了清代散水和明初夯层，但由于地下水出露，未探及再下层[5]。据此已可判断今存断虹桥的修建年代不早于明早期，但其桥体特征又确切地显示为元代，说明很可能存在明初移建或重修的情况。

---

① 单士元：《故宫武英殿浴德堂考》。
② 林梅村：《元宫廷石雕艺术源流考（下）》。
③ 姜舜源：《故宫断虹桥为元代周桥考——元大都中轴线新证》。
④ 陈学霖：《张昱〈辇下曲〉与元大都史料》。
⑤ 徐海峰：《古桥一隅寻踪迹——断虹桥桥头西南侧考古》。

图 3.1　断虹桥桥头的蹲龙和桥身上的镇水兽首（徐斌拍摄）

（二）浴德堂浴室与传心殿大庖井

浴德堂浴室位于故宫西路、武英殿院内西北，是一座伊斯兰风格的元代建筑。大庖井位于故宫东路、文华殿东南的传心殿院内，也为元代遗物。二者东西对称，符合古礼"左庖右湢"的制度①。

从《辍耕录》记载来看："（宫城）西南角楼南红门外，留守司在焉。……星拱南有御膳亭，亭东有拱辰堂，盖百官会集之所。"②浴德堂浴室应是元大内南墙外留守司的遗物，而大庖井则应是负责皇家饮食的御膳亭遗物。

（三）金水河故道

侯仁之、岳升阳、邓辉等历史地理学家的研究，揭示出元大都水系的二元性：玉泉山—金水河—太液池水系通过专用水道，直接进入大内供皇家使用；而白浮泉—高

---

① 单士元：《故宫武英殿浴德堂考》；姜舜源：《明清北京城风水》，载王春瑜主编：《明史论丛》，北京：中国社会科学出版社，1997 年；王子林：《紫禁城中浴德堂功用的六种可能之左庖右湢说》，《紫禁城》2006 年第 4 期；王子林：《故宫浴德堂浴室新解》。

② ［元］陶宗仪：《南村辍耕录》，卷二十一"宫阙制度"。

梁河—积水潭水系，则主要为平民和士大夫阶层服务①。那么，金水河在元大内范围内走向又如何呢？

考察明清故宫内的水系，其源头来自玉泉山，称"玉河"或"御河"。玉河汇入北海北端后，从东侧流出，过景山西侧、大高玄殿东侧，从故宫西北隅流入，又经武英殿南侧、断虹桥、内金水桥、文华殿北侧，从仪仗库东侧流出宫墙。《大明一统志》"玉河"条下有：

> 源自玉泉山，流经大内，出都城东南，注大通河。元马祖常诗：御沟春水晓潺湲，直似长虹曲似环。流入宫墙绕一尺，便分天上与人间②。

这条文献非常关键，元人马祖常的诗，证实了元大内内部确有水系，并且其形态"直似长虹曲似环"，这与明清故宫内的水系何其相似！

考古成果也证实了这一观点，徐苹芳于 20 世纪 50 年代在故宫武英殿外进行勘探，"发现地下有水草、螺蛳，并且断虹桥也在这一线，证明这一带为元代金水河。"③ 然而，元代金水河东段，很可能在明代修建文华殿时进行了改道。原因有二：其一，元代拱宸桥与朝宗桥东西对称，而今故宫东路的桥只有东华门内的"三座桥"，但据故宫考古研究所对桥体周边的发掘，其修建时间指向明代④。显然，这并非拱宸桥所在位置。其二，据石志敏对故宫地基基础的勘察显示，东华门东南角下发现了木桩，"可能是由于原有河道从东华门的位置通过，此处土体比较松软，为确保基础稳固，采用加强地基的措施。"⑤ 今东华门下的河道只可能是元代金水河故道的东段，据此，可以勾勒出元大内内部河道的大致走向。

元大内北墙外金水河的走向，可参考《析津志》的记载：

> 厚载门（外）乃禁中范围也。内有水碾，引水自玄武池灌溉，种花木，自

---

① 侯仁之著，邓辉、申雨平、毛怡译：《北平历史地理》；岳升阳、马悦婷：《元大都海子东岸遗迹与大都城中轴线》；邓辉：《元大都内部河湖水系的空间分布特点》。
② ［明］李贤等著，方志远等点校：《大明一统志》，卷一"玉河"条，成都：巴蜀书社，2018 年。
③ 转引自姜舜源：《元明之际北京宫殿沿革考》，注45。
④ 李季等：《故宫东城墙基 2014 年考古发掘简报》，《故宫博物院院刊》2016 年第 3 期。
⑤ 故宫博物院古建管理部、北京市勘察设计研究院：《故宫地基基础综合勘察》，载于傅云编：《紫禁城建筑研究与保护——故宫博物院建院 70 周年回顾》，北京：紫禁城出版社，1995 年。

有熟地八顷。内有小殿五所。上曾执耒耜以耕，拟于耤田也①。

　　松林之东北，柳巷御道之南，有熟地八顷，内有田。上自构小殿三所。每岁，
上亲率近侍躬耕半箭许，若耤田例。……东，有一水碾所，日可十五石碾之②。

　　厚载门是元大内的北门，禁中苑囿所引之水出自太液池北端（玄武池），其走向
与明清内金水河在故宫北墙外的河段相似。景山东花房曾发现了元代制作的水碾碾
轮等，很可能就是上文所说的水碾所遗物③。因此，元代金水河北段也应与明清内金
水河走向一致（图3.2）。

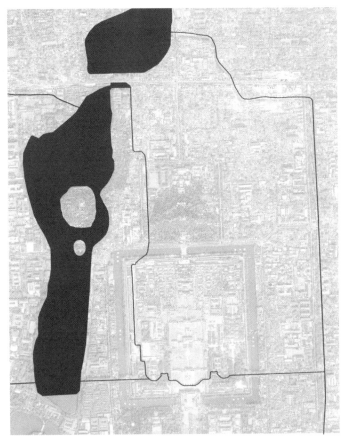

图3.2　元代金水河故道（徐斌绘制）

①　［元］熊梦祥著、北京图书馆善本组辑：《析津志辑佚》，"城池街市"。"厚载门"后当缺"外"或
　　"北"字。
②　［元］熊梦祥著、北京图书馆善本组辑：《析津志辑佚》，"古迹"。
③　沈方、张富强：《景山——皇城宫苑》，北京：中国档案出版社，2009年。

二　元代地下遗址

（一）隆宗门西

在隆宗门以西的区域，发现了位于生土层之上的元代夯筑层，其上还叠压有明清夯土、碎砖层和现代地层①。此段夯筑遗址呈南北走向，其夯筑方式与元大都城墙的夯筑方式一致②，初步判断为元代建筑或墙体的基础，是元大内存在的实证。从地层分布看，属于元代遗址的有夯土层④、基槽 C1 和基槽 C4，其中 C4 边界完整，宽约 2.5 米，专家推断为大明殿西庑的基础，测得其中心线在断虹桥轴线以东约 23 米（合 15 元步）（图 3.3）。

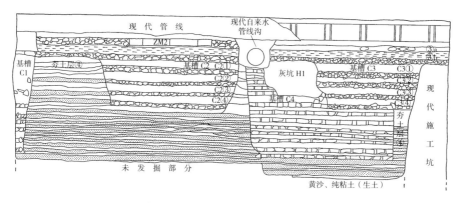

图 3.3　隆宗门西元代夯筑层（故宫博物院考古部供图）

（二）保和殿东庑外箭亭西、东西护城河内河帮

在保和殿东庑外箭亭西侧，发现了一条南北向长约 160～180 米的雨水沟。其西沟帮为条石砌筑，东沟帮和沟底为城砖砌筑，应是"利用了这一现成条石砌体又加砖沟底和砖沟帮而成"③（图 3.4）。这种条石与城砖联合砌筑的做法同样出现在紫禁城东西护城河的内河帮。根据修浚紫禁城排水系统时的发现，明代的排水渠都是砖砌④，而元大都考古队发现的元代大街排水渠都是由青条石砌筑⑤。由此判断，保和

---

① 徐华烽：《隆宗门西遗址发现元明清故宫"三叠层"》。

② 北京市文物研究所编：《北京考古四十年》，北京：北京燕山出版社，1990 年。

③ 白丽娟、王景福：《故宫建筑基础的调查研究》。

④ 蒋博光：《紫禁城排水与北京城沟渠述略附：清代北京沟渠河道修浚大事记》。

⑤ 元大都考古队：《元大都的勘查和发掘》。

殿东庑外箭亭西侧雨水沟、紫禁城东西护城河的条石部分均为元代所筑，而砖的部分则是明代加建。

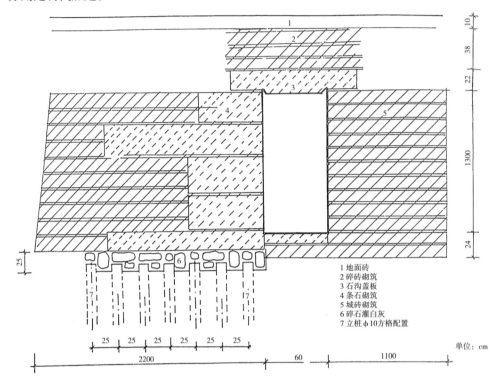

1 地面砖
2 碎砖砌筑
3 石沟盖板
4 条石砌筑
5 城砖砌筑
6 碎石灌白灰
7 立桩φ10方格配置

单位：cm

图3.4　保和殿东庑外箭亭西元代雨水沟剖面
（采自白丽娟、王景福：《故宫建筑基础的调查研究》）

（三）西二长街南端、神武门内东长房南

西二长街南端、神武门内东长房南 10 米地带，存在规模较大且比较深的基础层，"从布局上来看，不应是明代建筑，可以肯定是元代遗留的。"①

（四）十八槐

十八槐是断虹桥以北道路两侧的一片槐树林。从树龄看，当植于元代或明初②。在断虹桥以北至隆宗门西广场一带，考古发现了"较大面积的元代素土夯筑层，只是堆积较浅"③。

---

① 白丽娟、王景福：《故宫建筑基础的调查研究》。
② 王诚：《紫禁十八槐》，《紫禁城》1980 年第 4 期。
③ 徐华烽：《隆宗门西遗址发现元明清故宫"三叠层"》。

三　明代地下遗址

（一）慈宁宫花园东、长信门北

在慈宁宫花园东部，发现了明代早期（很可能是永乐时期）的 16 处大型建筑基础——磉墩。在其北的长信门外也发现了 1 处同时期的磉墩①。

（二）东城墙

在东华门以北、南三所东南角的东城墙内侧，发现了明代早期（很可能是永乐时期）直接建于生土层上的夯土基础。说明其上建筑（很可能是墙体）为明初始建②。

（三）右翼门西

在隆宗门西广场至断虹桥一线发现的元代地层，以故宫数字化研究所北墙为界，呈现出明显不一致的堆积厚度。在数字化研究所北墙以东、右翼门以西发现了一段墙体和门道遗址③。

（四）南大库、仪仗库

在南大库区域、仪仗库区域发现了明代中后期建筑遗址，相较于明代早期的夯层，较为粗疏，厚度不均，硬度不够④。

（五）御茶膳房南墙

在御茶膳房南墙内发现了明代排水沟和地面遗址⑤。

（六）清宫造办处旧址东南

在清宫造办处旧址东南部发现了 4 座明代早期大型磉墩，长、宽均为 4.4 米，间距达 11 米，按两行两列分布，初步判断为明初大型宫殿建筑基础。同时出土的还有

---

① 李季等：《紫禁城明清建筑遗址 2014 年考古收获》，《故宫博物院科研工作简报》2015 年第 1 期；徐华烽：《故宫慈宁宫花园东院遗址——揭秘紫禁城"地下宫殿"》，《紫禁城》2017 年第 5 期。

② 李季等：《故宫东城墙基 2014 年考古发掘简报》。

③ 徐华烽：《隆宗门西遗址发现元明清故宫"三叠层"》。

④ 故宫博物院考古研究所：《故宫南大库瓷片埋藏坑发掘简报》，《故宫博物院院刊》2016 年第 4 期；故宫博物院考古研究所：《2016 年度业务研讨总结会》，2016 年 12 月 26 日；徐海峰：《古桥一隅寻踪迹——断虹桥桥头西南侧考古》。

⑤ 故宫博物院考古研究所：《2016 年度业务研讨总结会》，2016 年 12 月 26 日。

元代建筑构件①。

（七）英华殿东

在英华殿院落东墙外，发现了明代早期的碎砖黄土交互夯层②。

上述元代遗址，可作为判断元大内位置和布局的直接证据，而夯筑于生土层上的明代遗址，则应在规划复原方案中有所规避（图3.5）。

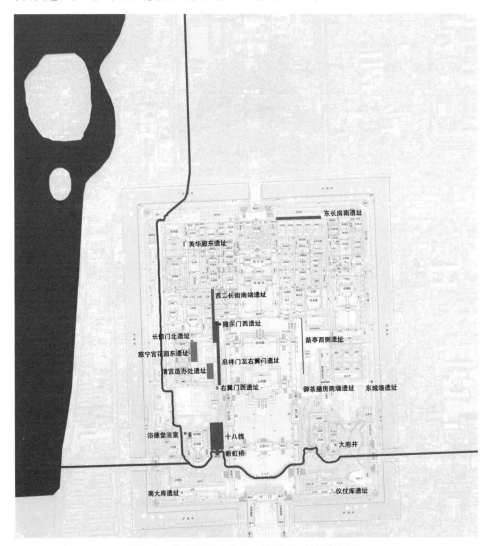

图3.5　故宫范围内的元、明遗址（徐斌绘制）

---

① 徐海峰、吴伟、赵瑾：《清宫造办处旧址 2020 年考古发掘收获》，《中国文物报》2021 年 7 月 9 日第 8 版。

② 故宫博物院考古部提供。

第三节　元大内的轴线和范围

一　元大内的轴线

前文已述，关于元大内中轴线的位置目前存在三种观点："明清故宫轴线说""断虹桥轴线说""武英殿轴线说"。

元大内的长宽数据在《辍耕录》中有明确记载："宫城周回九里三十步，东西四百八十步，南北六百十五步。"按规划之初的元 1 尺 = 0.315 米，1 步 = 5 尺，1 里 = 240 步计算，"九里三十步"恰好是长宽为"四百八十步"和"六百十五步"的矩形的周长。元大内之北，还有面积为"八顷"的御苑，为皇帝亲耕之用。按 1 顷 = 100 亩、1 亩 = 240 平方米计算，8 顷 = 192000 平方步。若东西取宫城同宽 480 步，则南北应为 400 步。

本文据此复原元大内及其北御苑的边界，与历史地图和考古成果进行比对，对以上三说加以甄别。从图 3.6 来看，按照"断虹桥轴线说"和"武英殿轴线说"复原结果，其西北部都侵入了北海水面。北海始建于金世宗大定三年（1163 年），其岸线和琼华岛均以太湖石堆砌，据说是从北宋汴梁运来的御苑艮岳石块。元大内选址时，不会不考虑北海水面的影响。因此，有关元大内轴线的"断虹桥轴线说"和"武英殿轴线说"均是不能成立的。

考古证据也不支持以上二说。慈宁宫花园东、长信门北、清宫造办处旧址东南发现的明代早期磉墩，直接修建于生土层上，说明修建之初此处并没有元代大型建筑。如果元大内轴线在断虹桥或武英殿轴线一线，这一带势必会出现大型建筑基址遗迹。综合以上证据，元大内轴线与明清故宫中轴线重合的可能性较大，即"明清故宫轴线说"成立。

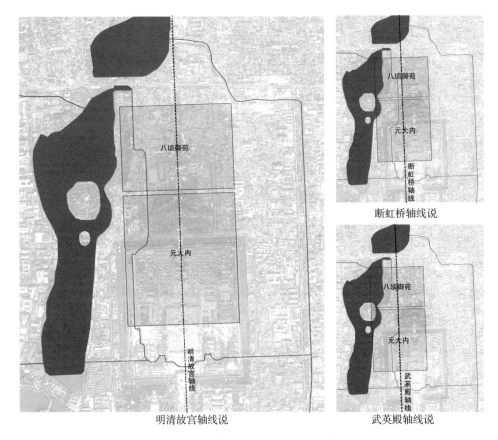

明清故宫轴线说   武英殿轴线说

图 3.6   元大内轴线的三种观点（徐斌绘制）

二   元大内的四界

中轴线确定之后，根据"东西四百八十步"的记载，元大内的东西边界也就确定了，与今故宫东西墙基本重合。下面讨论南北边界。

《故宫遗录》记载了丽正门（都城南门）、灵星门（皇城南门）、周桥、崇天门（宫城南门）、大明门（大明殿建筑群南门）之间的距离：

南丽正门内，曰千步廊，可七百步，建灵星门，门建萧墙，周回可二十里，俗呼红门阑马墙。门内数（一作二）十步许有河，河上建白石桥三座，名周桥，皆琢龙凤祥云，明莹如玉。桥下有四白石龙，擎载水中甚壮。绕桥尽高柳，郁

郁万株，远与内城西宫海子相望。度桥可二百步，为崇天门，门分为五，总建
阙楼其上。翼为回廊，低连两观。观（一无观字）傍出为十字角楼，高下三级，
两傍各去午门百余步，有掖门，皆崇高阁。内城广可六七里，方布四隅，隅上
皆建十字角楼。其左有门，为东华，右为西华。由午门内，可数十步，为大明
门，仍旁建掖门，绕为长庑，中抱丹墀之半①。

元大都南墙的位置考古已有定论②，因此丽正门的位置也就确定了。需要指出的
是，文中有关千步廊"可七百步"的记载很可能是指"丽正门—灵星门"与"灵星
门—崇天门"两段距离的总和③。原因如下：金中都千步廊（皇城南墙至宫城南墙）
总长约为二百步，明清北京千步廊（都城南墙至皇城南墙）南北长度约为五百步。
按照金、元、明时期宫城制度的延续性推测，元代千步廊很可能从丽正门一直延续
到崇天门，总长"可七百步"，即此处的断句应为："南丽正门内，曰千步廊，可七
百步。建灵星门……"

由此可以确定灵星门与崇天门的位置。灵星门应在丽正门之北约"五百步"，在
今故宫午门处。崇天门应在其北"二百步余"，在今太和殿处④。从近年的故宫考古
成果来看，这一判断是准确的。东城墙遗址和以数字化研究所北墙为界的元代地层
堆积变化二者一东一西，与太和殿南沿基本处于同一水平线上，揭示出元大内南墙
的位置就在这一水平线的北侧。元大内南门崇天门，即在今太和殿的位置。

关于厚载门（元大内北墙）的位置，赵正之根据"八顷熟地"倒推，认为当在
陟山门东西一线以南五十步⑤。而元大都考古队则认为应在今景山公园少年宫前（寿
皇殿宫门前）⑥。笔者支持赵正之的观点。如果按照元大都考古队的复原，元大内南
北距离将达到1000米，比《辍耕录》所载数据"南北六百十五步"（合968.625米）

① ［明］萧洵：《故宫遗录》。
② 王璧文：《元大都城坊考》；赵正之：《元大都平面规划复原的研究》。
③ 赵正之也持此种观点，见赵正之：《元大都平面规划复原的研究》。
④ 赵正之与元大都考古队持同样观点，见赵正之：《元大都平面规划复原的研究》；元大都考古队：《元
大都的勘查和发掘》。
⑤ 赵正之：《元大都平面规划复原的研究》。
⑥ 元大都考古队：《元大都的勘查和发掘》。

长了约31米。考证《辍耕录》所载元大内数据，绝大多数是准确的，对于宫城南北长度的数据，也不应轻易否定。《辍耕录》后记有史官虞集言："集佐修经世大典，将作所疏宫阙制度为详。"① 可知《辍耕录》宫阙制度来自《经世大典》。《经世大典》是元代官修政书，"宫苑"作为"工典"部分第一章，很难设想其对大内的记载会有误。

依据"南北六百十五步"复原的元大内北墙，约在今陟山门街—景山公园西门—景山公园东门一线。此线向西延伸，正对万岁山广寒殿，与《辍耕录》关于"万岁山在大内西北"② 的记载也是相符的。

城墙的宽度，依据考古发现的"墙基最宽处超过16米"③ 来确定，合元10步。

三　元大内的六门

《辍耕录》和《禁扁》均记载，元大内共六门，其中南面三门：中为崇天门，西为云从门，东为星拱门。东、西、北各一门：东为东华门，西为西华门，北为厚载门。

崇天门的位置上文已有判断，而其形式应与明清故宫午门类似，故文献中也称其为"五门"或"午门"。具体形象可参考美国纳尔逊·阿金斯艺术博物馆藏元人《宦迹图》④（图3.7）。

《故宫遗录》记载，云从门、星拱门在崇天门两侧"百余步"。元代朝宗桥遗址（今断虹桥）西距故宫中轴线155米，约合98.4元步，与"百余步"的记载接近。云从门应正对朝宗桥，由此可以判断云从门的位置在今右翼门西北。前述故宫考古部在"右翼门西北23米、内务府冰窖以东8.4米"处发现的明代墙体和门道遗址，依据文献和历史地图初步判断为宝宁门遗址⑤，从位置关系来看，明代宝宁门很可能承袭了元代云从门。

---

① ［元］陶宗仪：《南村辍耕录》，卷二十一"宫阙制度"。
② ［元］陶宗仪：《南村辍耕录》，卷二十一"宫阙制度"。
③ 北京市文物研究所编：《北京考古四十年》。
④ 林梅村：《元大都的凯旋门——美国纳尔逊·阿金斯艺术博物馆藏元人〈宦迹图〉读画札记》，《上海文博论丛》2011年第2期。
⑤ 徐海峰：《古桥一隅寻踪迹——断虹桥桥头西南侧考古》。

图3.7　元人《宫迹图》①中的元大内崇天门（现藏于美国纳尔逊·阿金斯艺术博物馆）

　　星拱门与云从门东西对称，判断其位置在今左翼门东北。

　　厚载门与崇天门南北相对，依元大内北墙位置推断，在今景山山体北缘正中。厚载门外有东西向大道，向西连接万岁山东桥。《辍耕录》记载："（万岁）山之东有石桥，长七十六尺，阔四十一尺半。"② 万岁山东桥，应在今北海东门外的陟山门桥位置。测量陟山门桥的长度，恰合元 76 尺（约 24 米），说明现在北海东岸的位置，与元代相比并无太大差别。据此可以复原厚载门及其北道路。

　　下面来看西华门和东华门。关于西华门，《析津志辑佚》和《辍耕录》有三段非常关键的记载：

　　　　皇帝出西华门，转西上北门，过木桥，御仪天殿③。

　　　　西华门在延春阁西，萧墙外即门也。门内有内府诸库、鹿苑、天闲④。

　　　　仪天殿在池中圆坻上……东为木桥，长一百二十尺，阔廿二尺，通大内之

①　此图采自 James C. Y. Watt. The World of Khubilai Khan：Chinese Art in the Yuan Dynasty. New Haven and London：Yale University Press，2010.

②　［元］陶宗仪：《南村辍耕录》，卷二十一"宫阙制度"。

③　［元］熊梦祥著、北京图书馆善本组辑：《析津志辑佚》，"城池街市"。

④　［元］熊梦祥著、北京图书馆善本组辑：《析津志辑佚》，"城池街市"。

夹垣。西为木吊桥，长四百七十尺，阔如东桥[1]。

由此可以得到自东向西"延春阁—西华门—西上北门—东木桥—仪天殿"的相对位置关系。其中，西上北门的位置非常关键。西上北门应是元大内夹垣上的一个门，其与西华门的位置关系可以参考晋宏逵关于明代北京皇城诸门的研究[2]。推测元大内西华门外，也有一个类似的 T 型封闭空间，其中朝北的一门即为西上北门。由此判断，仪天殿、东木桥、西上北门应大致处于同一水平线，而西华门则在其南。仪天殿所在之圆坻即今北海团城，考察团城西缘至北海西岸的距离（即北海大桥的长度），约为 150 米，与元代"四百七十尺"（合 148 米）非常接近，证明今北海西岸与元代也相差无几。虽然团城以东水面在明代已被填为陆地，但仍可根据东木桥的长度（一百二十尺，约合 38 米）来划定元代东岸的范围。东木桥的位置当在景山前街至团城东缘一线；西上北门推测在北长街北端；西华门在明清故宫西北角楼之南。

东华门与西华门对称，当在今故宫东北角楼之南。据《析津志辑佚》记载，还存在"东华门—东安门—枢密院"的对位关系：

> 枢密院，在东华门过御河之东，保大坊南之大街西。
> 枢密院，在东安门外[3]。

枢密院的位置，徐苹芳认为在东厂胡同、灯市口西街、王府井大街、东皇城根南街所围合的范围内。此文同时指出，元大内东华门、西华门应位于宫城东、西墙的中点[4]。赵正之也持相同观点，并指出这种布局方式很可能沿袭自金代宫城制度[5]。从金中都、元中都的复原来看，均体现出这种布局特征，很可能是贯穿金元时期的一种都城形制[6]（图3.8）。

---

① ［元］陶宗仪：《南村辍耕录》，卷二十一"宫阙制度"。

② 晋宏逵：《明代北京皇城诸内门考》，《故宫学刊》2016 年第 2 期。

③ ［元］熊梦祥著、北京图书馆善本组辑：《析津志辑佚》，"城池街市"。

④ 徐苹芳：《元大都枢密院址考》，载《庆祝苏秉琦考古五十五年论文集》编辑组编：《庆祝苏秉琦考古五十五年论文集》，北京：文物出版社，1989 年。

⑤ 赵正之：《元大都平面规划复原的研究》。

⑥ 于杰、于光度：《金中都》；河北省文物研究所编著：《元中都：1998～2003 年发掘报告》。

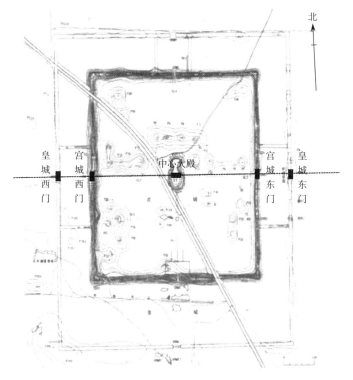

图 3.8　元中都宫城核心建筑与东西两门的位置关系
（据《元中都：1998～2003 年发掘报告》资料图绘制）

　　东、西华门之间的通道向外延伸，形成了贯穿元大都的一条东西向主要道路。其线路为：出西华门向西转北，过西上北门，稍北转西，过东木桥，至圆坻之上的仪天殿，再过西木吊桥，出西安门，通往平则门；出东华门往东，至东安门，过枢密院北墙，转北往东，通往齐化门。

　　至于各门形制，参考《辍耕录》数据进行复原（图 3.9）：

　　（宫城）正南曰崇天，十二间，五门，东西一百八十七尺，深五十五尺，高八十五尺。……崇天之左曰星拱，三间，一门，东西五十五尺，深四十五尺，高五十尺。崇天之右曰云从，制度如星拱。东曰东华，七间，三门，东西一百十尺，深四十五尺，高八十尺。西曰西华，制度如东华。北曰厚载，五间，一门，东西八十七尺，深高如西华①。

①　［元］陶宗仪：《南村辍耕录》，卷二十一"宫阙制度"。文中的"十二间"应为"十一间"之误。

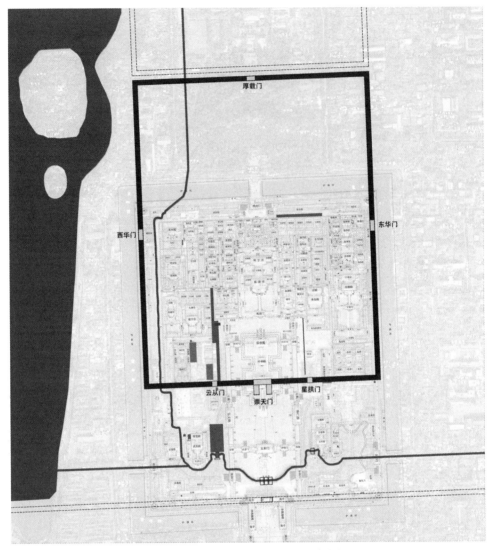

图3.9　元大内的四界和六门（徐斌绘制）

第四节　元大内的布局

一　大明殿建筑群

大明殿与延春阁是元大内中轴线上的两组核心建筑群。根据《辍耕录》的记载：
"大明殿，乃登极、正旦、寿节、会朝之正衙也，十一间，东西二百尺，深一百二十尺,高九十尺。柱廊七间,深二百四十尺,广四十四尺,高五十尺。寝室五间,东西夹六间。后连香阁三间,东西一百四十尺,深五十尺,高七十尺。……延春阁,九间,东西一百五十尺,深九十尺,高一百尺,三檐重屋。柱廊七间,广四十五尺,深一百四十尺,高五十尺。寝殿七间,东西夹四间。后香阁一间,东西一百四十尺,深七十五尺,高如其深,重檐。"① 可知二者都是由"前殿—柱廊—后寝"构成的工字型建筑。由寝殿、东西夹、香阁构成的后寝两侧还有东西对称的小殿。如大明殿后有文思、紫檀二殿,"文思殿在大明寝殿东,三间,前后轩,东西三十五尺,深七十二尺。紫檀殿在大明寝殿西,制度如文思。"② 延春阁后有慈福、明仁二殿,"慈福殿,又曰东暖殿,在寝殿东。三间,前后轩,东西三十五尺,深七十二尺。明仁殿,又曰西暖殿,在寝殿西,制度如慈福。"③ 具体布局形制,可参考同样由前殿、廊柱、寝殿、东西夹、香阁、东西配殿构成的元中都一号宫殿(图3.10)。

两组建筑群均由周庑环绕,四隅设角楼,四边设门。据《辍耕录》记载,大明殿建筑群"周庑一百二十间";"四隅角楼四间"。南面三门,"大明门在崇天门内,大明殿之正门也,七间,三门,东西一百二十尺,深四十四尺,重檐。日精门在大明门左,月华门在大明门右,皆三间,一门。"东西各一门,"凤仪门在东庑中,三间,一门,东西一百尺,深六十尺,高如其深。……麟瑞门在西庑中,制度如凤仪。"两门南侧,设钟楼、鼓楼,"钟楼,又名文楼,在凤仪南。鼓楼,又名武楼,在麟瑞南。皆五间,高七十五尺。"北面两门,"嘉庆门在后庑宝云殿东,景福门在后庑宝云殿西,皆三间,一门。"中有一殿,"宝云殿在寝殿后,五间,东西五十六尺,深六十三尺,高三十尺。"④

傅熹年对大明殿、延春阁两组建筑群已有详细的复原研究⑤。本文结合新的考古发现,实现两组建筑群的"落地",并就平面布局作一些修正。

---

① [元]陶宗仪:《南村辍耕录》,卷二十一"宫阙制度"。
② [元]陶宗仪:《南村辍耕录》,卷二十一"宫阙制度"。
③ [元]陶宗仪:《南村辍耕录》,卷二十一"宫阙制度"。
④ [元]陶宗仪:《南村辍耕录》,卷二十一"宫阙制度"。凤仪门在东庑上,则其南北距离应大于东西距离,故此处应为"东西(深)六十尺,南北(广)一百尺,高如其深"。
⑤ 傅熹年:《元大都大内宫殿的复原研究》。

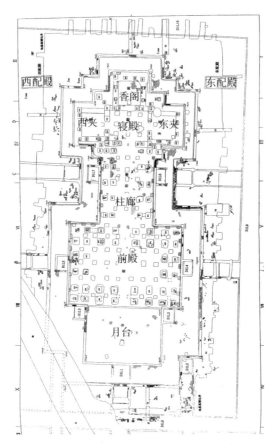

图3.10　元中都一号宫殿平面（据《元中都：1998~2003 年发掘报告》资料图绘制）

　　大明殿建筑群的南门是大明门，在午门内"可数十步"。数据虽然模糊，但可以确定不超过百步，从明清故宫建筑分布来看，最可能的位置应在保和殿处，测得其与崇天门的距离约 110 米（合 70 元步）。西庑和东庑的位置，根据隆宗门西和保和殿东庑外箭亭西的元代建筑遗址确定，二者各距中轴线约 134 米（合 85 元步），即大明殿建筑群东西宽度为 268 米（合 170 元步）。傅熹年的研究揭示出元代都城与宫城之间存在一定的比例关系[①]。受此启发，核心建筑群与宫城之间，也可能存在相似的关系。元大内的长宽比为615∶480 = 1.28∶1，按照这个比例推算，大明殿建筑群南北长度应为 134×2×1.28 = 343 米（合 218 元步）。据此，大明殿建筑群北墙约在今钦安殿南一线，元宝云殿在今钦安殿前。

---

①　傅熹年：《中国古代城市规划、建筑群布局及建筑设计方法研究》。

麟瑞门、凤仪门应在大明殿西庑、东庑的中点，且与大明殿在同一水平线上。这与前述宫城东、西门的布局形制相同，是元代宫殿建筑布局的一种特征①。按照这一规律，可以确定大明殿在今乾清宫处。继而可以确定廊柱、寝殿、东西夹、香阁、东西配殿的位置。

关于大明殿建筑群"周庑一百二十间"、延春阁建筑群"周庑一百七十二间"的记载，多数学者认为并不合理，因为延春阁建筑群地位不会高于大明殿建筑群，相应地，其规模也不会超过。部分学者推测，延春阁建筑群"周庑一百七十二间"之数应包含其后清宁宫②，也有学者认为，延春阁建筑群的周庑数据没有问题，而大明殿应为"周庑二百二十间"③。笔者赞同前一种观点，文献所记数据很可能并没有问题。延春阁建筑群周庑"一百七十二间"之数应包含了其后的咸宁殿与清宁殿两侧连廊。文献记载，"延春阁后咸宁殿"④，咸宁殿建于元英宗至治二年（1322 年），由王伯胜负责营建，"奉诏监修文、武楼，创咸宁殿，建太庙"⑤。咸宁殿后为清宁殿，元王宗哲《清宁殿赋》有"咸宁屹乎其前"⑥ 的记载，从此赋的写作时间来看，清宁殿应建成于至正七年（1347 年）之前⑦。从金中都的宫城布局来看，位于前部的是大安殿建筑群，位于后部的是仁政殿、昭明殿、隆徽殿建筑群。其中，仁政殿是类似大安殿的工字型建筑组合，昭明殿和隆徽殿则为单体建筑，两侧有连廊连接东、西庑（图 3.11）。推测元大内的布局与此类似，咸宁殿和清宁殿两侧也应有连廊。据《故宫遗录》记载，"（延春）宫后仍为主廊……又后为清宁宫，宫制大略亦如前。宫后引抱长庑，远连延春宫……又后重绕长庑……又后为厚载门"⑧。说明延春阁后共有两道东西向连廊，再北才是延春阁建筑群的北庑（墙），再北才是元大内北墙（厚载门）。从元大内两组建筑群的周庑数据来看，也反映了这一事实。大明殿建筑群的 120 间，如按前文所定比例关系粗略推算，大致是南北 34 间，东西 26 间。而延

---

① 刘未：《蒙元创建城市的形制与规划》。

② 姜东成：《元大都城市形态与建筑群基址规模研究》。

③ 傅熹年：《元大都大内宫殿的复原研究》。

④ ［明］徐嘉泰：《天目山志》，卷四。

⑤ ［明］宋濂：《元史》，卷一七〇"列传第五十七"。

⑥ ［明］王宗哲：《元赋青云梯》，卷下。

⑦ 李新宇：《元代考赋题目及内涵》，《山西大学学报（哲学社会科学版）》2007 年第 2 期。

⑧ ［明］萧洵：《故宫遗录》。文中的"延春宫""清宁宫"应与"延春阁""清宁殿"同义。

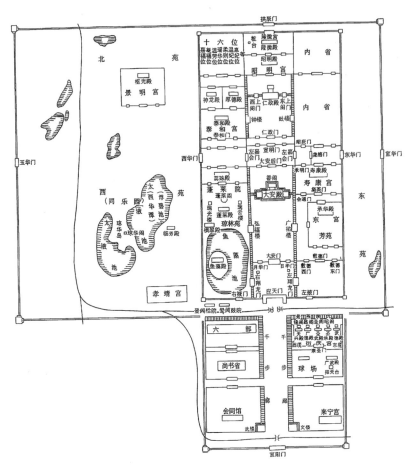

图 3.11　金中都宫城图（采自于杰、于光度：《金中都》）

春阁的 172 间，相当于在大明殿周庑数据的基础上，增加了两个 26 间，即 172 = 2 × (34 + 26) + 2 × 26。这增加的两个东西向廊庑，很可能正是咸宁殿与清宁殿两侧连廊。

还需注意，从考古来看，隆宗门西、十八槐以北的元代基础，显示出大明殿建筑群的西庑是一直向南延伸的。同样，箭亭西侧元代排水沟也超出了大明殿建筑群南墙，说明其东庑也是向南延伸的，这与金中都的宫城形制也很相似。而与明清故宫太和殿西庑相比，大明殿西庑在其西侧约 23 米（合 15 元步）。观察今太和殿西庑以西、断虹桥以北的道路，在经过弘义阁后，恰好向东偏折约 23 米。这说明断虹桥以北一线，才是曾经大明殿西庑外的道路。

二　延春阁建筑群

同理，可以复原延春阁建筑群的布局。

根据《辍耕录》的记载，延春阁"周庑一百七十二间"；"四隅角楼四间"。南面三门，"延春门在宝云殿后，延春阁之正门也，五间，三门，东西七十七尺，重檐。懿范门在延春左，嘉则门在延春右，皆三间，一门。"东西各一门，"景耀门在左庑中。三间，一门，高三十尺。清灏门在右庑中，制度如景耀。"两门南侧，设有钟楼、鼓楼，"钟楼在景耀南，鼓楼在清灏南，各高七十五尺。"北面无门①。延春阁后的咸宁殿、清宁殿形制无载，但尺度上应小于延春阁，暂按延春阁后寝尺度复原。

神武门内东长房南的东西向的元代建筑基础，可作为判断延春阁建筑群南墙位置的依据。据此，南墙还应向东西两侧延伸，将宫城前后部分分隔开来。前文已分析了延春阁"周庑一百七十二间"的构成，即延春阁、咸宁殿、清宁殿建筑群应与大明殿建筑群同宽高。依南墙位置可以判断延春门在今顺贞门处，懿范门、嘉则门应与嘉庆门、景福门正对。延春阁位于今神武门北桥处。清灏门、景耀门位于东、西庑"中"，与延春阁后的寝殿、东西夹、香阁、东西配殿均在今景山南门一线。咸宁殿在今景山南缘绮望楼一线，清宁殿在山腰。延春阁建筑群的北墙在山顶万春亭一线（图3.12）。

三　四隅建筑群

《辍耕录》记载，元大内的四隅有四组建筑群，分别是位于西北角的玉德殿、东北角的十一室斡耳朵、西南角的内藏库，以及东南角的庖室和酒室②。这种布局形式与元上都类似。元上都的四隅有四组重要的宗教建筑群，西北角的乾元寺、东北角的华严寺、西南角的开元寺和东南角的文庙（图3.13）。

---

① ［元］陶宗仪：《南村辍耕录》，卷二十一"宫阙制度"。
② ［元］陶宗仪：《南村辍耕录》，卷二十一"宫阙制度"。

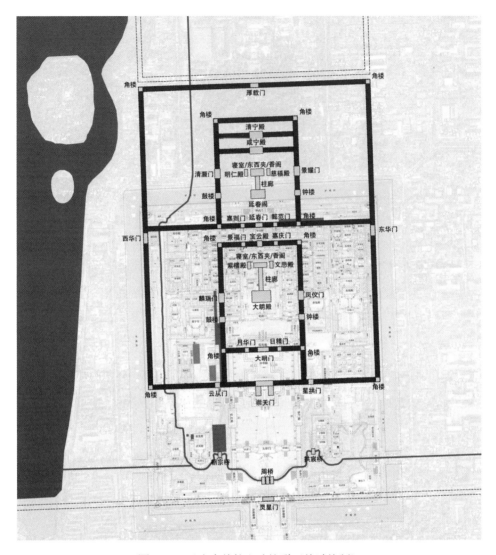

图 3.12　元大内的核心建筑群（徐斌绘制）

（一）玉德殿

《辍耕录》记载："玉德殿在清灏外，七间，东西一百尺，深四十九尺，高四十尺。"① 说明玉德殿在延春阁西庑的清灏门西。除了主体建筑玉德殿外，还有"东香殿，在玉德殿东。西香殿，在玉德殿西。宸庆殿，在玉德殿后，九间，东西一百三十尺，深四十尺，高如其深。东更衣殿，在宸庆殿东，五间，高三十尺。西更衣殿，

---

① ［元］陶宗仪：《南村辍耕录》，卷二十一"宫阙制度"。

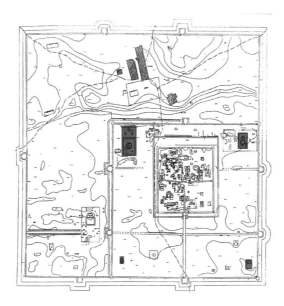

图 3.13　元上都的四隅建筑群（据魏坚等：《元上都》资料图绘制）

在宸庆殿西，同东更衣殿"[1]。

从文献的描述来看，是一组两进院落的建筑群。参考元代金水河与延春阁建筑群的复原，玉德殿建筑群应位于今景山西侧的大高玄殿一带。大高玄殿建筑群是由两重琉璃门、大高玄门、大高玄殿、九天应元雷坛、乾元阁等建筑构成的五进院落。推测玉德殿在大高玄殿的位置，而宸庆殿在九天应元雷坛的位置。

（二）斡耳朵

与玉德殿相对的，是位于东北方位的十一室斡耳朵。由于文献资料较少，且不是固定建筑，难以考证。推测其位置在景山东侧，由景山东街、西老胡同、沙滩后街围合的区域内，与大高玄殿面积相当。

（三）内藏库

西南方位，是内藏库二十所。同样难以考证。在避开慈宁宫花园东和清宫造办处旧址东南的明初大型建筑遗址后，推测其位于今慈宁宫花园至寿康宫一带。

（四）庖室、酒室

东南方位，是庖室和酒室。推测其位置在今宁寿宫南部（图 3.14）。

---

① ［元］陶宗仪：《南村辍耕录》，卷二十一"宫阙制度"。

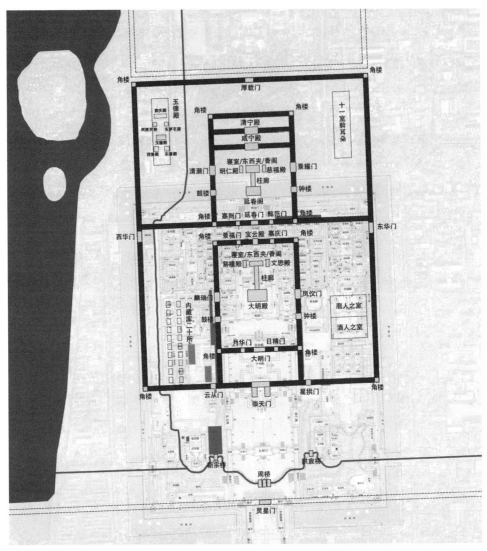

图 3.14　元大内的四隅建筑群（徐斌绘制）

第五节　元大内的主要道路

主要道路的走向可以通过已经复原的建筑和门的位置来确定。其中，主干道系统包括横向的（1）厚载门外道路，向西过升平桥、通万岁山；（2）连通元西内—仪天殿—西上北门—西华门—延春阁外—东华门的道路；（3）延春阁北庑外道路；（4）月华门—大明门—日精门前道路。以及纵向的（1）中轴线道路，连通丽正门—灵星门—周桥—崇天门—大明门；（2）中轴线西侧路，连通朝宗桥—云从门—大明殿和延春阁西庑外，接延春阁北庑外道路；（3）中轴线东侧路，连通拱宸桥—星拱门—大明殿和延春阁东庑外，接延春阁北庑外道路。次干道系统主要是元大内内部连通各门和主要建筑的道路，以及仪天殿周围的道路。

道路系统的宽度依据文献记载，可分为四档。其中，主干道宽24元步，次干道宽12元步，支路宽8元步，小路宽4元步（即二十尺）。是一个以4元步为基本模数的道路系统（图3.15）。

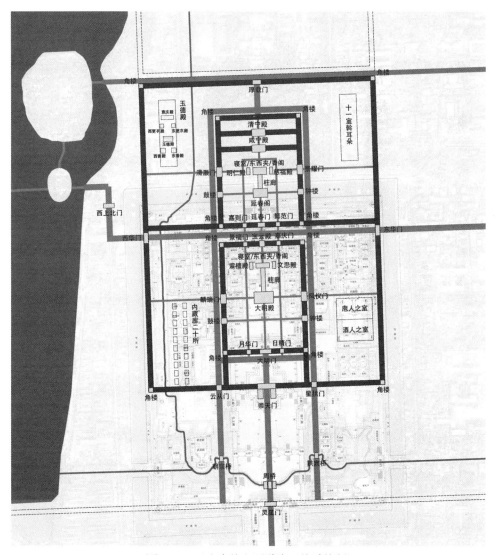

图 3.15 元大内的主要道路（徐斌绘制）

第六节　元大内的规划模数

在复原结果基础上，还可进一步推测元大内的规划模数。姜东成依据《元史》

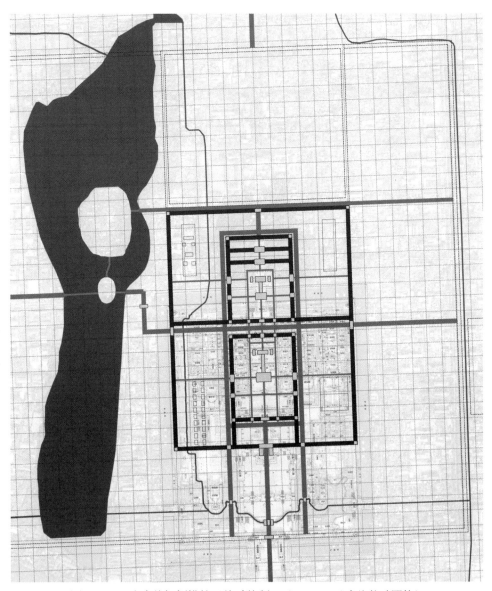

图 3.16　元大内的规划模数（徐斌绘制，以 40×40 元步为基础网格）

所载"八亩为一分"的住宅用地模式，推断元大都规划以 44×50 元步为基础网格①。然而，由于元大内与元大都所用的是完全不同的两套尺度，并且中国古代规划设计大多采用方格网，所以这套网格并不适用于元大内的规划。从复原平面和道路等级来看，元大内规划应是以 40×40 元步为基础网格。其中，大内部分占地 480×640 元步，为 12×16 的网格，主要包含了城墙、城门和两组核心建筑群。大内以北至皇城北墙的区域，是文献所载面积为 8 顷的御苑，占地 480×400 元步，为 12×10 的网格。大内南墙至皇城南墙的区域，分布有朝宗桥、周桥、拱宸桥"三桥"和"左庑右庑"两组附属建筑，占地 480×240 元步，为 12×6 的网格②。上述以 4 元步为基本模数的道路系统，实际上是在 40 元步基础网格上的进一步细分（图 3.16）。

第七节　本章小结

明清故宫位于元大内的南半部之上，从 20 世纪 90 年代开始，故宫博物院在建筑基础勘察、排水系统修浚和随工考古过程中，持续发现元代建筑遗址和直接夯筑于生土层上的明初建筑遗址，为厘清元大内的位置和布局提供了重要的一手资料。本章通过历史文献和故宫古建、考古材料的相互印证，确定元大内复原的关键点和基准线，借鉴前人研究成果，依次推断元大内的水系、轴线、城墙、城门的位置，复原大明殿、延春阁两组核心建筑群的平面布局。对位于元大内四隅的四组建筑群的布局做粗略的推测。在此基础上，进一步提出道路系统和新的元大内规划模数。

---

① 姜东成：《元大都城市形态与建筑群基址规模研究》。
② 《故宫遗录》记载，元大都皇城南门灵星门至周桥"数十步"，周桥至崇天门"可二百步"，皇城南墙至宫城南墙的距离即二者之和。见［明］萧洵：《故宫遗录》。结合明清故宫午门的位置，推测元代皇城南墙应在明清故宫南墙一线，测得其与复原的元大内南界相距约 240 元步。

第四章　元大内的规划生成

《考工记》和《营造法式》两部经典文献，保留了中国古代建筑和城市规划的主要内容和具体方法。成书于西汉时期的《考工记》[1]，从"匠人建国""匠人营国"与"匠人为沟洫"三方面，论述了水（准）、槷（圭）、规、矩等工具在规划中的应用：

> 匠人建国：水地以县，置槷以县，视以景。为规，识日出之景与日入之景。昼参诸日中之景，夜考之极星，以正朝夕。
>
> 匠人营国：方九里，旁三门。国中九经九纬，经涂九轨。左祖右社，面朝后市。市朝一夫。
>
> 匠人为沟洫：耜广五寸，二耜为耦，一耦之伐，广尺、深尺谓之畎。田首倍之，广二尺、深二尺谓之遂。九夫为井，井间广四尺、深四尺谓之沟。方十里为成，成间广八尺、深八尺谓之洫。方百里为同，同间广二寻、深二仞谓之浍……凡行（山）奠水，磬折以参伍。欲为渊，则句于矩[2]。

其中的"水地""置槷""为规""识景""正朝夕""磬折以参伍""句于矩"等，都指向古代城市规划工程所需的工具和技术。

对比《考工记》中的其他工种，如"轮人"：

> 是故规之以眡其圜也，萭之以眡其匡也，县之以眡其幅之直也，水之以眡

---

① 武廷海：《〈考工记〉成书年代研究——兼论考工记匠人知识体系》，《装饰》2019 年第 10 期。

② 徐正英、常佩雨译注：《周礼》，北京：中华书局，2014 年。

其平沈之均也。量其薮以黍，以眡其同也。权之以眡其轻重之侔也。故可规、可萬、可水、可县、可量、可权也，谓之国工。

又如"舆人"：

圆者中规，方者中矩，立者中县，衡者中水。

可知，规、矩（萬）、水、县、量、权，不仅限于规划领域，而是古代工匠普遍使用的几种工具。

成书于北宋时期的《营造法式》，开篇即以图文并茂的形式，记载了运用规、矩进行空间构图的方法，文中绘有"圆方图"和"方圆图"（图 4.1），并载："大匠造制而规矩设焉，或毁方而为圆，或破圆而为方，方中为圆者谓之圆方，圆中为方者谓之方圆也。"①

以上文献启发我们从工具和技术的微观视角，反观古代建筑和城市规划的生成逻辑。当代学者已经进行了有益的尝试。傅熹年基于中国古代都城、建筑群和单体建筑的逐一分析，总结出一套"模数制"的空间规划生成理论②。王其亨以"样式雷"图样为基础材料，揭示出清代建筑师使用"平格网"开展宫殿、陵寝等空间规划的技术方法③。武廷海基于隋大兴、六朝建康、秦帝陵等城市规划案例的研究，揭示出中国古代城市规划"借助规、矩等基本工具，对大地进行观察、测量、营度和利用，以实现人居天地间的理想"的一套独特方法，并将其命名为"规画"④。王南针对大量建筑实例的分析，总结出规、矩工具主导下中国古代建筑设计的经典构图比例，并将其命名为"天地之和比"⑤。

---

① ［北宋］李诫撰，故宫博物院编：《故宫博物院藏清初影宋钞本营造法式》，北京：故宫出版社，2017 年。

② 傅熹年：《中国科学技术史（建筑卷）》。

③ 王其亨：《清代样式雷建筑图档中的平格研究——中国传统建筑设计理念与方法的经典范例》，《建筑遗产》2016 年第 1 期。

④ 武廷海：《规画——中国空间规画与人居营建》，北京：中国城市出版社，2021 年。

⑤ 王南：《规矩方圆，天地之和——中国古代都城、建筑群与单体建筑之构图比例研究》，北京：中国建筑工业出版社，2019 年。

元大内规划综合体现了山川定位、规矩构图等技术方法的统一，是中国古代宫城规划的集大成者，标志着古代城市规划理论和方法的成熟。下文逐一剖析二者在元大内规划中的应用，揭示元大内规划的生成逻辑和空间结果。

图 4.1 《营造法式》所载"圆方图"和"方圆图"①

第一节 建成之初的元大内

自建成以来，元大内存在和使用了近百年。在开展规划复原研究之前，有必要先对元大内的时空变迁进行分析，明晰其建成之初的空间构成，为研究的开展奠定可靠的基础。

---

① 根据文字的描述，如果"毁方而为圆"对应"方中为圆者"，"破圆而为方"对应"圆中为方者"，则图中的"圆方图"与"方圆图"恰好标反了。

依据文献和相关研究，可以梳理出元大内各处宫殿的建成时间（表4.1）。截至忽必烈驾崩，元大内所包含的宫殿只有位于中轴线上的大明殿、延春阁，以及西北隅的玉德殿和东北隅的斡耳朵。西南隅的内藏库和东南隅的庖室、酒室是功能性建筑，应随宫城的建成而投入使用。至于延春阁两侧的慈福、明仁二殿，延春阁北的咸宁、清宁二殿则要晚至英宗、顺帝时期。从探讨元大内规划生成的角度出发，不应将后期建筑纳入考量范围。

表4.1　元大内各宫殿的建成时间

帝王	年代		建成宫殿
元世祖	至元五年	1268 年	宫城城墙（及南北城门）建成
	至元八年	1271 年	玉德殿建成
	至元九年	1272 年	东西华门、左右掖门建成
	至元十年	1273 年	修建大明殿建筑群（工字殿及周庑）
	至元十一年	1274 年	修建延春阁建筑群（工字殿及周庑）
	至元十四年	1277 年	斡耳朵建成
	至元二十八年	1291 年	修建紫檀殿、文思殿（属大明殿建筑群）
元英宗	至治二年	1322 年	咸宁殿建成
元顺帝	元统元年	1333 年	慈福殿（属延春阁建筑群）建成
	至元五年	1339 年	明仁殿（属延春阁建筑群）建成
	至正七年	1347 年	清宁殿建成

第二节　山川定位

元代《大都赋》作于大德二年（1298 年），此时距离至元二十二年（1285 年）诏令旧京居民迁入新都仅14 年。据《大都赋》记载，元大都的周边环境具有"乾山巽水"的特征。按后天八卦方位，乾卦在西北，巽卦在东南，即山体主要分布于都城西北，而水系汇集于东南：

　　　　顾瞻乾维，则崇冈飞舞，鉴岑荜都。近椅军都，远标恒岳，表以仰峰莲顶之奇，擢以玉泉三洞之秀。

　　周视巽隅，则川隰洄洑，案衍澶漫。带绕潞沽，股浸渤海，抱以涞、涿、滹沱之流，潴以雍奴、漷阴之浸①。

　　文中提及"军都""恒岳""仰峰莲顶"和"玉泉三洞"四山。其中，"军都"指"军都山"，是都城北囿大寿山的旁支。《大明一统志》有："天寿山，在府北一百里，山自西山一带东折而北至此，群峰耸拔，若龙翔凤舞，自天而下。其旁诸山则玉带、军都，连亘环抱，银山、神岭，罗列拱护。"② 天寿、玉带、军都、银山、神岭五山，组成了元大都北面的标志性山体③。天气晴朗之日，从元大都西北的健德门可以清晰地望见军都山④。同样，从居庸关也能回望大都城⑤。甚至再往西北至龙虎台，也能望见京城⑥。而"恒岳"是指春秋至明中期以来的古北岳"恒山"，即河北曲阳"大茂山"，位于元大都西南约 190 公里，视觉上并不可见，故原文称"近掎军都、远标恒岳"。

　　"仰峰莲顶"和"玉泉三洞"都在都城近郊西北方向。《大明一统志》曰："仰山，在府西七十里，峰峦拱秀，中有平顶如莲花心，旁有五峰，曰独秀、翠微、紫盖、妙高、紫微，中多禅刹。"⑦ 与天寿山相似，仰山也由五峰组成。五峰环绕的栖隐寺始建于金世宗大定二十年（1180 年），金章宗时改为行宫⑧。玉泉山同样是金代名胜之地，也建有行宫。据《大明一统志》记载："玉泉山，在府西北三十里，顶有

---

① ［元］李洧孙：《大都赋》并序，载［清］于敏中撰：《钦定日下旧闻考》，卷六。

② ［明］李贤等著，方志远等点校：《大明一统志》，卷一，成都：巴蜀书社，2018 年。

③ 明北京建于元大都南半部之上，二者在宏观尺度上享有共同的山水环境，可相互参照。

④ ［元］陈孚《出健德门赴上都分院》有："出门见居庸，万仞参天青。"载［清］顾嗣立编：《元诗选》，清文渊阁四库全书本，二集卷六。

⑤ ［明］王恽《中堂事记》有："度八达岭，于山雨间俯望燕城，殆井底然。"载［明］叶盛：《水东日记》，清康熙刻本，卷三十五。

⑥ 《析津志》有："至龙虎台，高眺都城宫苑，若在眉睫。"载［元］熊梦祥著，北京图书馆善本组辑：《析津志辑佚》。

⑦ ［明］李贤等著，方志远等点校：《大明一统志》，卷一。

⑧ ［明］刘定之《重修仰山栖隐禅寺碑记》记："京师之西，边山苍翠，蟠亘霄汉，所谓西山是也。仰山乃其支垄，而蜿蜒起伏，特为雄胜。所止之处，外围中宽，栖隐禅寺据之，创始于金时。"载［清］于敏中：《钦定日下旧闻考》，卷一百四十。

金行宫芙蓉殿故址，相传章宗尝避暑于此。山畔有三石洞。"①

从《大都赋》的用词来看，此四山与都城轴线的选定密切相关。原文的"掎""标""表""攉"均有"以……为准"之义，反映出中国古代城市规划惯用的"山川定位"原则。这种依据标志性山峰确定城市轴线的方法由来已久，如秦咸阳阿房宫前殿"表南山之颠以为阙"，西汉长安"遥对南山子午谷"，南朝建康"以牛首山双峰为天阙"，隋唐洛阳"南直伊阙龙门"等。具体方法应与"匠人建国"所载"正朝夕"之法相似，即在水地、置槷、为规的基础上，运用"参望"（即三点一线）之法，确定城市轴线②。

除此四山之外，元大内西北还有一座不容忽视的小山，名为"万岁山"，金代称"琼华岛"③。忽必烈修建元大内之前曾居于此。至元四年（1267年）重新修缮之后，刘秉忠登岛赋诗："琼华昔日贺新成，与苍生，乐升平。西望长山，东顾限沧溟。"④ 显然，作为距离元大内最近的制高点，琼华岛是眺望四周形势、开展城市选址的绝佳地点。

上述五山在金代均有建设，对元人来说，是前朝的"古迹"和"地标"。但从文献来看，元大内轴线的选定不仅利用了前朝遗迹，还启用了新的标志物"独树将军"：

> 世皇建都之时，问于刘太保秉忠定大内方向。秉忠以今丽正门外第三桥南一树为向以对。上制可，遂封为独树将军，赐以金牌⑤。

"独树将军"的位置可结合元大都城南水系进行判断。"丽正门"是元大都都城的正南门，据《析津志》记载，丽正门外"第一桥"又名"龙津桥"，应是都城南护城河上的桥；第二桥位于金口河与运粮河的交汇处，应在今天安门广场南部金口

---

① ［明］李贤等著，方志远等点校：《大明一统志》，卷一。

② 有关"正朝夕"的"参望"之法，《淮南子·天文训》有详细记载："正朝夕，先树一表东方，操一表却去前表十步，以参望日始出北廉。日直入，又树一表于东方，因西方之表以参望日方入北廉，则定东方。两表之中，与西方之表，则东西之正也。"见［西汉］刘安著，陈广忠译注：《淮南子》，北京：中华书局，2012年。

③ 《南村辍耕录》记载："万岁山在大内西北，太液池之阳，金人名琼花岛。中统三年修缮之，至元八年赐今名。"见［元］陶宗仪：《南村辍耕录》，卷一。

④ ［元］刘秉忠著，李昕太点注：《藏春集点注》，卷五。

⑤ ［元］熊梦祥著，北京图书馆善本组辑：《析津志辑佚》。

河故道之上；第三桥当在其南。而位于"第三桥南"的"独树将军"则应再往南不远，其具体位置，参考武廷海等的研究，在今前门大街北段①。

　　综合来看，环绕元大都的山脉在正北和西北方位各有两组前突的山体，正是上文述及的"军都山"和"仰山—玉泉山"。推测元大都规划之初，综合考虑了周边山体形势，运用"山川定位"的手法，以"军都山—独树将军"连线与"仰山—玉泉山"连线的交点，定下元大都规划基点"中心台"的位置；而以"军都山—独树将军"连线与"仰山—万岁山"连线的交点，定下元大内规划的基点。微观尺度上，这一关键点位于明清故宫神武门北桥，测得两轴线夹角为121度（图4.2）。

图4.2　确定元大内的轴线和基点（徐斌绘制）

左图为宏观尺度，右图为微观尺度

第三节　规矩构图

　　明确基点和轴线后，下一步是运用规、矩进行规划构图。首先需要明确的是元

_____

① 武廷海、王学荣、叶亚乐：《元大都城市中轴线研究——兼论中心台与独树将军的位置》。

大内规划的基本尺度采用金制（1 里 = 240 步）而非元制（1 里 = 300 步），即满足 1 尺 = 0.315 米，1 步 = 5 尺，1 里 = 240 步的换算关系。

接下来，通过规矩构图法，依次复原元大内规划的四界、六门和两组核心建筑群。

一　四　界

元大内的边界，与"山川定位"确定的规划基点和万岁山最高峰密切相关：

（1）以两轴线的交点 O 为圆心，以圆心 O 至万岁山顶点 A 的距离为半径，作大圆。测得大圆半径为 466 元步，略小于 2 元里（图 4.3）。

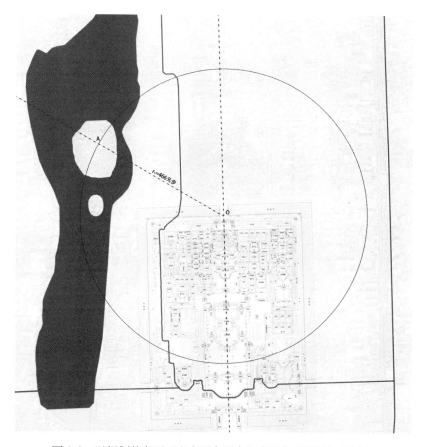

图 4.3　以规划基点至万岁山顶点距离为半径作大圆（徐斌绘制）

（2）过 A 点作垂直于纵轴（军都山—独树将军轴线）的横向线，与大圆交于 B 点，与纵轴交于 C 点，此即元大内规划的北边界。

（3）以 O 为圆心，OC 为半径作小圆。测得小圆半径为 240 元步，恰为 1 元里（图 4.4）。

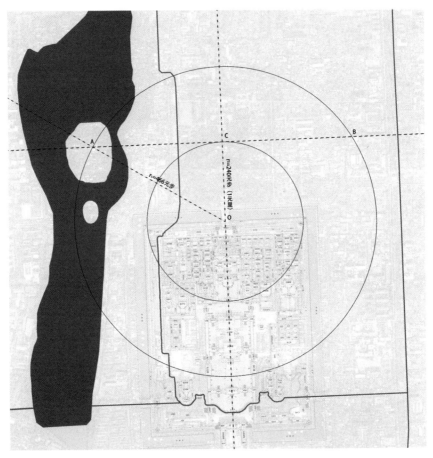

图4.4　以规划基点至万岁山顶点水平线距离为半径作小圆（徐斌绘制）

（4）做平行于 OC 的两条纵向线 DE、FG，与小圆外切于 E 点、F 点。DE、FG 与大圆交于 H 点、I 点，DH、GI 即元大内规划的东西边界。

（5）连接 H 点、I 点，与 OC 交于 J 点，此即元大内规划的南边界。矩形 DHIG 可视为元大内规划的控制范围，其长宽分别为 640 元步和 480 元步（图 4.5）。

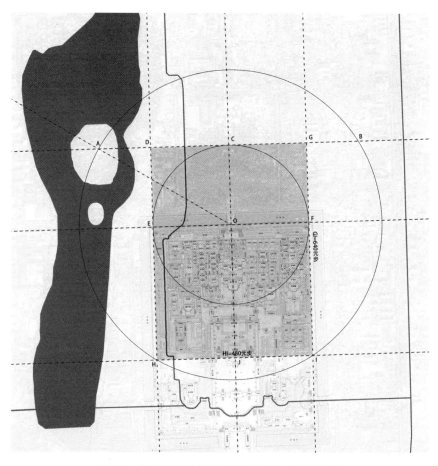

图 4.5 确定元大内规划的控制范围（徐斌绘制）

（6）向北平移25元步，作直线HI的平行线H'I'，与OC相交于J'。矩形DH'I'G的长宽分别为615元步和480元步，即元大内规划的实际范围（图4.6）。

如何解释规划控制范围与实际范围在长边上相差的25元步？从《南村辍耕录》中可以找到证据："（元大内）正南曰崇天，十一间，五门，东西一百八十七尺，深五十五尺，高八十五尺。左右趓楼二趓，楼登门两斜庑，十门。网上两观皆三趓，楼连趓楼东西庑，各五间。西垛楼之西，有涂金铜幡竿，附宫城南面有宿卫直庐。"崇天门是元大内的正南门，其形制与同为宫城南门的明清故宫午门相似，均为凹字形平面。这相差的25元步，应该是左右趓楼前伸的距离和宿卫直庐占据的空间。

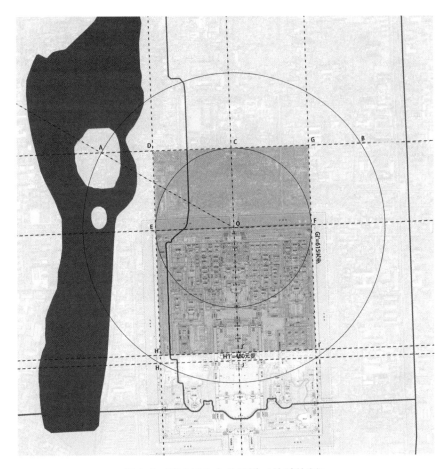

图4.6　确定元大内的四界（徐斌绘制）

二　六　门

《南村辍耕录》记载元大内有六门。其中，南面三门，中为崇天门，西为云从门（右掖门），东为星拱门（左掖门）；东、西、北面各一门，分别是东华门、西华门和厚载门。崇天门和厚载门位于中轴线上，应在南、北墙的中点。东华门和西华门参考北宋以来的宫城形制，也应在东、西墙的中点。

至于云从门、星拱门与崇天门的距离，《故宫遗录》记为"百余步"。同时，云从门外有朝宗桥，星拱门外有拱宸桥。考古揭示朝宗桥即今明清故宫内西路的断虹桥，其西距中轴线155米，合98.4元步，与"百余步"的记载相符。推测规划方案之初，将云从门设在崇天门西 100 元步；星拱门与其东西对称，在崇天门东 100 元步。

据此，可以复原元大内"六门"的规划过程：

（1）作矩形 DH'I'G 的对角线 DI' 和 H'G，二者相交于 M 点。过 M 点作横向线，与矩形交于 K 点、L 点，即元大内东、西墙的中点。

（2）在 CJ' 两侧，相距 100 元步作纵向平行线，与 DI'、H'G 相交于 N、P、Q、R 四点，与 H'I' 相交于 S、T 两点。

（3）由此确定元大内的六门，J' = 崇天门，S = 云从门（右掖门），T = 星拱门（左掖门），C = 厚载门，K = 西华门，L = 东华门（图 4.7）。

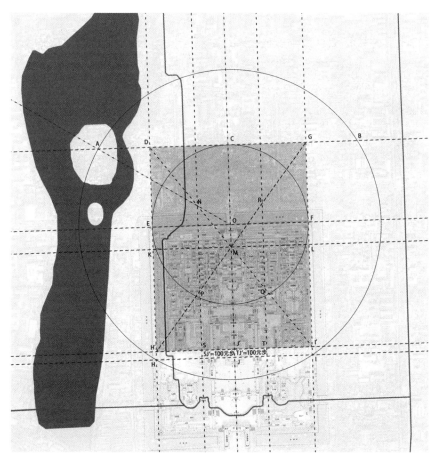

图 4.7　确定元大内的六门（徐斌绘制）

第四节　宫殿同构

　　大明殿和延春阁是元大内中轴线上的两组核心建筑群，相当于明清故宫的"前三殿"和"后三宫"两组建筑群。考古揭示大明殿东、西庑在左、右掖门轴线基础上向内平移了15元步。由此可以确定核心建筑群的东西边界。以下，复原两组核心建筑群的规划步骤：

　　（1）连接 N、R 两点和 P、Q 两点，与 CJ' 相交于 U、V 两点。

　　（2）相距15元步，作 NP 和 RQ 的平行线 WX、YZ，与 NR 交于 W、Y 两点，与PQ 交于 X、Z 两点（图4.8）。

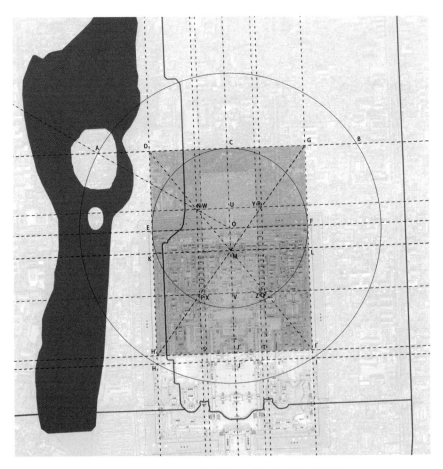

图4.8　确定核心建筑群的东西边界（徐斌绘制）

（3）以 U 点和 V 点为几何中心，作矩形 DH'I'G 的两个相似矩形，东西边界为 WX、YZ。这两个矩形即为大明殿建筑群和延春阁建筑群的规划边界（图4.9）。

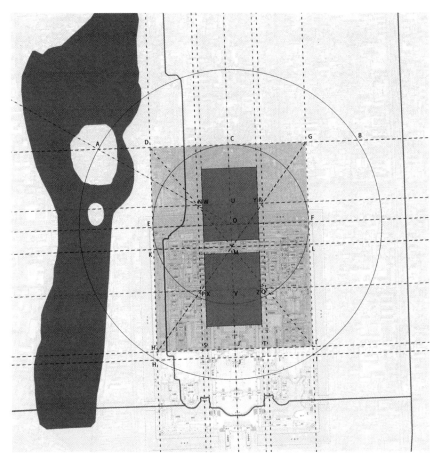

图4.9　确定核心建筑群的规划范围（徐斌绘制）

（4）用同构的方法，进一步划分两个矩形，得到大明殿建筑群和延春阁建筑群的规划控制点（图4.10）。

《南村辍耕录》详细记载了两组核心建筑群的开间、面宽、进深等数据（表4.2）。根据文献，两组建筑群均是"前殿—柱廊—后寝"的工字殿形式，北部还有东西对称的小殿。傅熹年的研究显示，元大都的宫城与都城同构。那么，核心建筑群与宫城之间，也可能存在同构的关系。从同构入手，依照前述"四界"和"六门"的构图方式，按表中数据复原两组核心建筑群的平面布局，发现与规矩构图法求得的规划控制点非常吻合（图4.11）。

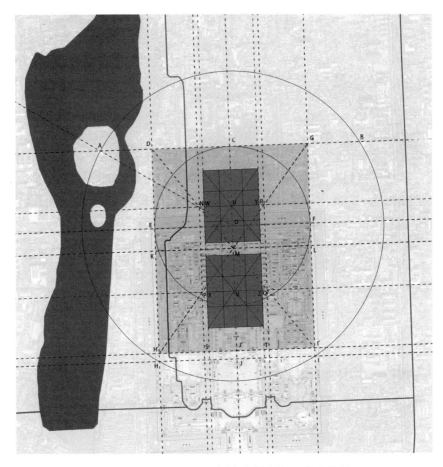

图 4.10   确定核心建筑群的规划控制点（徐斌绘制）

表 4.2   大明殿和延春阁建筑群的平面数据[①]

大明殿建筑群				延春阁建筑群			
建筑	开间 （间）	面宽 （尺）	进深 （尺）	建筑	开间 （间）	面宽 （尺）	进深 （尺）
大明门	7	120	44	延春门	5	77	—
月华门/日精门	3	—	—	嘉则门/懿范门	3	—	—
大明殿	11	200	120	延春阁	9	150	90
柱廊	7	44	240	柱廊	7	45	140

---

① 其中凤仪门、麟瑞门的面宽和进深数据已根据前文分析修改为 100 尺和 60 尺。

续表

大明殿建筑群				延春阁建筑群			
建筑	开间 （间）	面宽 （尺）	进深 （尺）	建筑	开间 （间）	面宽 （尺）	进深 （尺）
寝室	5			寝室	7		
东西夹	6	140	50	东西夹	4	140	75
香阁	3			香阁	1		
紫檀殿/文思殿	3	35	72	明仁殿/慈福殿	3	35	72
麟瑞门/凤仪门	3	100	60	清灏门/景耀门	3	—	—
鼓楼/钟楼	5	—	—	鼓楼/钟楼			
角楼	1	—	—	角楼	1		
周庑	120	—	—	周庑	172	—	—
宝云殿	5	56	63				
景福门/嘉庆门	3	—	—				

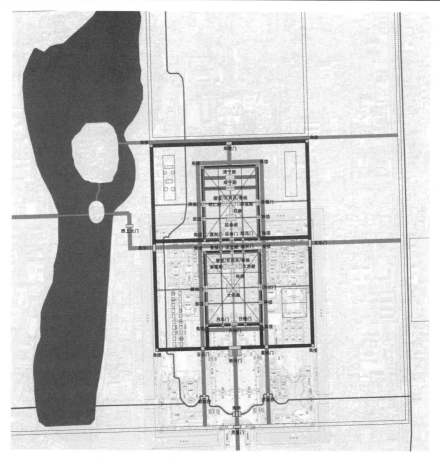

图 4.11　确定核心建筑群的平面布局（徐斌绘制）

值得注意的是，延春阁的位置，恰与大圆圆心 O 重合，即位于山川定位过程中择定的"军都山—独树将军"与"仰山—万岁山"两轴线的交点。从高度上来看，延春阁是元大内的地标建筑（100 尺），高于大明殿（90 尺）、崇天门（85 尺）和厚载门（80 尺）等中轴线上的建筑。这种以高阁统领宫城规划的手法，同样见于更早时期的哈拉和林城（以大阁寺为中心）和元上都（以大安阁为中心）。从功能上看，延春阁为常朝，内置铜壶滴漏，与明清紫禁城的乾清宫类似。

第五节　元、明、清建筑叠压

至此，本章已揭示元大内的规划生成步骤。鉴于明清故宫与元大内的叠压关系，以及后世宫殿营造大多利用前朝基址的规律，还需利用明清故宫中轴线上大型建筑的位置，验证上述复原结果。比对发现，元大内中轴线上的 14 座主要建筑，都与遗留至今的明清故宫或景山建筑相对应。这不仅极大地提高了复原方案的可信度，也再一次证明了明代宫城规划对元代建筑基址的大规模继承和利用（表 4.3，图4.12）。

表 4.3　元大内建筑与明清故宫—景山建筑的叠压

元大内建筑	明清紫禁城—景山建筑
灵星门	午门
周桥	内金水桥
崇天门	太和殿
大明门	保和殿
大明殿	乾清宫前
大明殿后寝	坤宁宫
宝云殿	钦安殿前
延春门	顺贞门

续表

元大内建筑	明清紫禁城—景山建筑
延春阁	神武门北桥
延春阁后寝	景山南门
咸宁殿	绮望楼
清宁殿	景山南坡中
延春阁北墙	景山山顶万春亭
厚载门	寿皇殿前

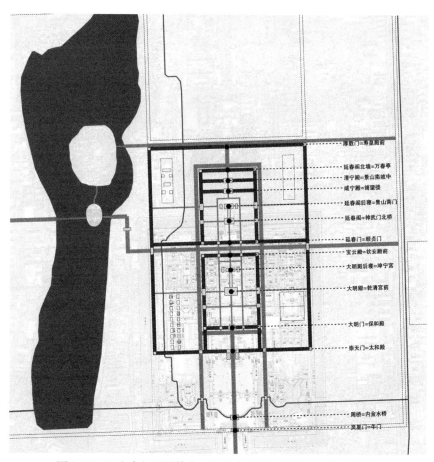

图4.12　元大内与明清故宫—景山主要建筑的叠压（徐斌绘制）

第六节　本章小结

　　本章还原元大内规划的生成过程，揭示其蕴含的山川定位、规矩构图等技术方法。这两种手法，与水（准）、槷（圭）、规、矩等工具密切相关，在中国古代城市规划中，或单独、或综合出现，渊源已久。而在元代，则至臻成熟，灵活运用于都城、宫城、建筑等不同空间尺度。元大都与元大内在"山川定位"上、元大内与核心建筑群在"规矩构图"上，均使用了如出一辙的规划手法，反映出古代中国中晚期城市规划理论和方法的系统化与制度化。以地标建筑将"山川定位"与"规矩构图"二者在逻辑和形式上进行统一，也显示出古人融合自然环境与人工建筑的高超的设计手法。

第五章　从元大内到明北京宫殿

从元大内到明北京宫殿，先后经历了元大内、燕王府、西宫、明北京宫殿四个时期。其中，元大内、燕王府、西宫的位置，历来存在争议，而明北京宫殿的位置则是确定的。这就启发我们从明北京宫殿的营建入手，尝试梳理这一时期的变化，寻找判断元大内、燕王府、西宫位置的依据。

第一节　关于明北京宫殿营建时间的三种观点

文献记载，永乐四年（1406 年）和十四年（1416 年）各有一次关于营建北京宫殿的诏书。

其中，永乐四年诏书的内容涉及采木、造砖瓦、征匠作、选军士、选民丁等宫殿营建的前期准备工作：

> 闰七月壬戌，文武群臣、淇国公丘福等请建北京宫殿，以备巡幸。遂遣工部尚书宋礼诣四川、吏部右侍郎师逵诣湖广、户部左侍郎古朴诣江西、右副都御史刘观诣浙江、右佥都御史仲成诣山西督军民采木，人月给五斗，钞三锭。命泰宁侯陈珪、北京行部侍郎张思恭督军民匠造砖瓦，人月给米五斗。命工部征天下诸色匠作，在京诸卫及河南、山东、陕西、山西都司、中都留守司、直隶各卫选军士，河南、山东、陕西、山西等布政司、直隶凤阳、淮安、扬州、庐州、安庆、徐州、和州选民丁，期明年五月俱赴北京听役，率半年更代，人月给米五斗。其徵发军民之处一应差役及闸办银课等项，悉令

停止①。

永乐十四年诏书，则反映出营建所需的交通（漕运）、费用（储蓄）、材料（木材）、人工（军民）均已到位，开展北京宫殿建设的时机已经成熟：

> 十一月壬寅，复诏群臣议营建北京。先是，车驾至北京，工部奏请择日兴工，上以营建事重，恐民力不堪，乃命文武群臣复议之。于是公、侯、伯、五军都督及在京都指挥等官上疏曰："臣等切惟：北京河山巩固，水甘土厚，民俗淳朴，物产丰富，诚天府之国，帝王之都也。皇上营建北京，为子孙帝王万（世）之业。比年，车驾巡狩，四海会同，人心协和，嘉瑞骈集，天运维新，实兆于此。矧河道疏通，漕运日广，商贾辐辏，财货充盈，良材巨木，已集京师，天下军民，乐于趋事。揆之天时，察之人事，诚所当为而不可缓。伏乞上顺天心，下从民望，早敕所司兴工营建，天下幸甚。"六部、都察院、大理寺、通政司、太常寺等衙门尚书、都御史等官复上疏曰："伏惟北京，圣上龙兴之地，北枕居庸，西峙太行，东连山海，南俯中原，沃壤千里，山川形胜，足以控四夷，制天下，诚帝王万世之都也。昔太祖高皇帝削平海宇，以其地分封陛下，诚有待于今日。陛下继太祖之位，即位之初，尝升为北京，而宫殿未建。文武群臣，合词奏请，已蒙俞允。所司抡材川广，官民乐于趋事，良材大木不劳而集。比年，圣驾巡狩，万国来同，民物阜成，祯祥协应，天意人心，昭然可见。然陛下重于劳民，延缓至今。臣等切惟：宗社大计，正陛下当为之时，况今漕运已通，储蓄充溢，材用具备，军民一心，营建之辰，天实启之。伏乞早赐圣断，敕所司择日兴工，以成国家悠久之计，以副臣民之望。"上从之②。

两次诏书在时间上相隔十年，并且永乐十四年诏书明言："陛下继太祖之位，即位之初，尝升为北京，而宫殿未建。……然陛下重于劳民，延缓至今。"说明永乐四年虽有"请建北京宫殿"的诏书，但实际上并无建设行为。这就造成了学界对明北

---

① 《明太宗实录》，卷五七。见《明实录》，台北：历史语言研究所，1962 年。本书所引《明实录》皆为此版本，下不赘述。

② 《明太宗实录》，卷一八二。

京宫殿始建时间的争议。目前，大致形成了永乐四年始建、永乐五年始建、永乐十五年始建三种观点。

一　永乐四年（1406 年）始建

贺树德认为，永乐四年下诏营建北京宫殿城池，永乐十八年宫阙告成，前后长达十五年之久①。单士元认为，应以永乐四年为可信，十五年之说只能是指西宫而言。十五年到十八年则是明北京宫殿的施工时期②。

二　永乐五年（1407 年）始建

李燮平认为，宫殿动工开始于永乐五年（按照永乐四年诏书所说"期明年五月俱赴北京听役"推断），先做基础、城墙、桥梁等。永乐十五年不是北京宫殿的起建时间，而是十王府和皇太孙宫的正式起建时间③。

三　永乐十五年（1417 年）始建

欧志培认为，北京故宫筹建于永乐四年，始建于永乐十五年④。王剑英、王红同样认为，永乐四年诏建北京宫殿，但未曾施工。直到永乐十四年复诏群臣议营建北京，仍有宫殿未建的上疏。永乐七年至十四年，主要在营建长陵。永乐十五年至十八年，是营建北京宫殿的起止时间⑤。

三种观点争议不下的原因，在于从工程量计算，北京宫殿即使是平地新建，也

---

① 贺树德：《明代北京城的营建及其特点》。
② 单士元：《明代营建北京的四个时期》。
③ 李燮平：《永乐营建北京宫殿探实》，载于倬云编：《紫禁城建筑研究与保护——故宫博物院建院 70 周年回顾》，北京：紫禁城出版社，1995 年。
④ 欧志培：《北京故宫始建于明永乐十五年》，《故宫博物院院刊》1981 年第 2 期。
⑤ 王剑英、王红：《论从元大都到明北京宫阙的演变》。

不需要十多年的时间。规模大于明北京的元大都，基本是平地新建，从至元四年（1267 年）四月兴工，到至元十一年（1274 年）正月宫阙告成，仅用时不到七年①。再比较明初三都的营建时间，明南京为三年（其中吴王新宫一年，改建大内宫殿二年）；明中都为六年，但明中都的宫城规模大于南京和北京②。

值得注意的是，永乐十四年诏书反复谈及漕运，将其作为营建北京宫殿的最基本保障。"河道疏通，漕运日广"，"今漕运已通"，位列费用（储蓄）、材料（木材）、人工（军民）之前，充分反映了漕运的重要性。漕运作为调运粮食（主要是公粮，服务于宫廷和官兵）的交通手段，其数值直接反映了北京地区的人口数量。而人口数量的变化，又可作为考察宫殿营建等需要大量人力工程的重要指标。《明实录》中包含了较为完整的漕运数据，并已有一些学者扎实的研究成果。以漕运数据为重点分析对象，辅以官员任职、工匠派遣、工程进展等材料，可以从侧面勾勒出明北京宫殿的营建情况，推断明北京宫殿的实际建造时间和主要阶段。

第二节　漕运数据显示的明北京宫殿实际营建时间

明初运往北京地区的粮食，部分通过海运，部分通过漕运。从永乐七年开始，《明实录》中持续记载了各年的漕运数据。王培华的研究，还原了这一时期官方对海运和漕运的不同观点③。黄仁宇的研究，选取永乐十四年（1416 年）至天启五年（1625 年）的漕运数据，显示出明初漕运量的波动与当时重要历史事件的紧密关联；并指出随着漕运制度的建立，明代中后期的漕运量稳定地控制在每年 400～500 万石之间④。吴辑华的研究补充了永乐元年至十三年（1403～1415 年）的海运和漕运数

---

① ［明］宋濂等：《元史》，卷六、卷八"世祖本纪"。

② 陈怀仁：《明初三都规划制度比较》。

③ 王培华：《元明北京建都与粮食供应：略论元明人们的认识和实践》，北京：文津出版社，2005 年。

④ ［美］黄仁宇：《明代的漕运》，北京：新星出版社，2005 年。永乐十三年取消海运，从此运往北京的粮食全部通过漕运，因此选择永乐十四年（含）之后的数据能更加真实地反映漕运量的变化情况。

据，再现了整个明王朝时期北方地区的漕运情况①。本书选取永乐七年（1409 年，始通漕运）至永乐二十二年（1424 年，朱棣去世）期间的漕运数据进行整理，可以较为真实地反映出北京地区的人口变化情况（表5.1）。

表5.1　明永乐七年至二十二年的历年漕运数据

年代	漕运数据（石）	年代	漕运数据（石）
永乐七年（1409 年）	1836852	永乐十五年（1417 年）	5088544
永乐八年（1410 年）	2015165	永乐十六年（1418 年）	4646530
永乐九年（1411 年）	2255543	永乐十七年（1419 年）	2079700
永乐十年（1412 年）	2487188	永乐十八年（1420 年）	607328
永乐十一年（1413 年）	2421907	永乐十九年（1421 年）	3543194
永乐十二年（1414 年）	2428535	永乐二十年（1422 年）	3251723
永乐十三年（1415 年）	6462990	永乐二十一年（1423 年）	2573583
永乐十四年（1416 年）	2813462	永乐二十二年（1424 年）	2573583

表5.2　明永乐七年至二十二年的漕运量及增长率

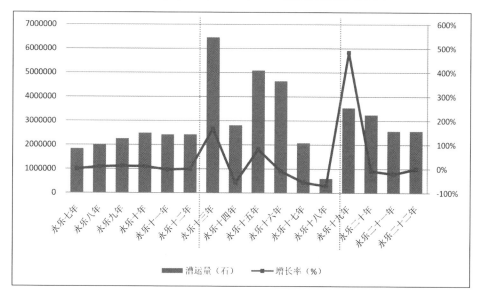

① 吴辑华：《明代海运及运河的研究》，载《台北历史语言研究所专刊》之四十三，1997 年。其中缺少永乐二年至四年的漕运数据。

从表 5.2 可以清晰地看出，永乐七年至二十二年的数据被分为三个时期。一是永乐七年至十二年的平稳期：这一时期的漕运量分布在 200 万石左右。二是永乐十三年至十八年的变动期：首先，这一时期的漕运数据变化剧烈。永乐十三年是所有数据的最高值，这一年漕运量达到 646.2990 万石，是前一年（242.8535 万石）的 2.66 倍。而永乐十八年则是所有数据的最低值，这一年漕运量仅为 60.7328 万石，是后一年（354.3194 万石）的 0.17 倍。其次，这一时期的漕运数据，除了永乐十四年的突然跌落，总体呈现出递减的趋势。三是永乐十九年至二十二年的稳定期：这一时期的漕运量分布在 300 万石左右，相较于前一个平稳期，出现了 100 万石左右的增长。

永乐十九年（1421 年），是明王朝正式迁都北京的时间节点。正月戊寅，明成祖朱棣在正朝奉天殿诏谕天下：

> 诏曰：朕荷天地祖宗之佑，继承大宝，统驭万方，祗勤抚绥，夙夜无间。乃者，仿成周卜洛之规，建立两京，为子孙帝王永远之业。爰自经营以来，赖天下臣民殚心竭力，趋事赴工。今宫殿告成，朕御正朝……①

可以猜测，第一个平稳期和第二个平稳期，分别表征了营建北京宫殿之前和迁都北京之后的人口情况。而二者之间的变动期，才是北京宫殿的实际营建时间。从数据的变动来看，又可细分为四个阶段：一是永乐十三年的突增，表示人口大量增加，北京宫殿建设大规模开启；二是永乐十四年的回落，说明人口突然减少，其具体原因还需进一步探究；三是永乐十五年至十六年的重新增高，表明北京宫殿的建设重新迎来高峰期；四是永乐十七年至十八年的降低，说明北京宫殿建设进入尾声。

下文即通过梳理永乐十三年之前、永乐十三年至十八年之间与宫殿营建相关的历史事件，验证这一猜测是否合理。

第三节　永乐十三年之前北京地区的营建

首先对永乐十三年之前北京地区的营建活动进行梳理，分为洪武年间和永乐年

---

① 《明太宗实录》，卷二三三。

间两部分，目的是摸清这一时段的建设行为和建成情况。

一　洪武年间

洪武元年（1368 年）八月初二，明军夺取元大都，封元故宫殿门。八月至九月，徐达命华云龙主导建设了新的北城垣，并加固了元大都西北城垣，将元大都北面两门改名（安贞门改为安定门，建德门改为德胜门），确定了新的外城范围。继而命叶国珍度量了北平南城（即金中都）；命张焕度量了故元皇城（即元大内）。

> 八月庚午，大将军徐达命马指挥守通州，进师取元都。师至齐化门，命将士填壕登城而如。……封其府库及图籍、宝物等。又封故宫殿门，令指挥张焕以千人守之①。
>
> 八月丁丑，大将军徐达命指挥华云龙经理故元都。新筑城垣，北取径直，东西长一千八百九十丈②。
>
> 八月己卯，督工修故元都西北城垣③。
>
> 八月戊子，大将军徐达……令指挥叶国珍计度北平南城，周围凡五千三百二十八丈，南城故金时旧基也④。
>
> 八月癸巳，大将军徐达遣指挥张焕计度故元皇城，周围一千二（百）十六丈⑤。
>
> 九月戊戌朔，大将军徐达改故元都安贞门为安定门，建德门为德胜门⑥。

洪武二年（1369 年），朱元璋阅览了工部尚书张允所取"北平宫室图"，下令因"元旧皇城"改造"王府"：

---

① 《明太祖实录》，卷三四。
② 《明太祖实录》，卷三四。1890 丈 =5953.5 米，此数据与明清北京内城北墙数据相差较大。
③ 《明太祖实录》，卷三四。
④ 《明太祖实录》，卷三四。
⑤ 《明太祖实录》，卷三四。明初用元尺，1216 丈 =3830.4 米，大概相当于元大内外扩至筒子河—崇天门—北墙一圈的周长（3819.3 米）。由此可确定"旧元皇城"是指"元大内"。
⑥ 《明太祖实录》，卷三五。"建德门""即""健德门"。

> 十二月丁卯，改湖广行省参政赵耀为北平行省参政。……耀因奏进工部尚书张允所取北平宫室图。上览之，令依元旧皇城基改造王府①。

洪武三年（1370 年），册封朱棣为燕王，诏建王府。诏书进一步明确了以"元旧内殿"改造"燕王府"，并于次年开始营建。以上文献也明确了洪武燕王府是依元大内旧址改造，而非隆福宫。

> 四月乙丑，册封诸皇子为王。……第四子棣为燕王②。

> 七月辛卯，诏建诸王府。工部尚书张允言：诸王宫城宜各因其国择地，请……燕用元旧内殿。……上可其奏，命以明年次第营之③。

洪武四年（1371 年），始建燕王府，仍以徐达为负责人。

> 正月丁亥，命中书右丞相魏国公徐达往北平操练军马，缮治城池④。

洪武六年（1373 年），燕王府针对停止王府造作的诏书上书，请求继续完成王府城门的铺砖，以及社稷、山川坛望殿的修建，获得允许。这也表明洪武北平的建设，不仅仅是燕王府，还包括对元代社稷、山川坛的重建。

> 三月己未，燕相府言："先尝奉诏，以土木之功，劳民动众，除修城池外，其余王府公厅造作可暂停罢。今社稷、山川坛望殿未覆，王城门未覽，恐为风雨所坏，乞以保定等府宥罪输作之人完之。"上以社稷、山川望殿严洁之地，用工匠为之。命输作之人但覽城门⑤。

洪武七年（1374 年），华云龙在前往北平的路上去世。他的传记表明，燕王府和北平城的规划和营建，实际上均由其负责。

---

① 《明太祖实录》，卷四七。
② 《明太祖实录》，卷五一。
③ 《明太祖实录》，卷五四。
④ 《明太祖实录》，卷六〇。
⑤ 《明太祖实录》，卷八〇。

六月癸亥，召淮安侯华云龙于北平，未至而卒。……云龙镇北平，威名甚著，建造王府，增筑北平城，其力为多①。

建燕邸，增筑北平城，皆其经画。洪武七年，有言云龙据元相脱脱第宅，僭用故元宫中物②。

洪武十二年（1379 年），燕王府建成，共历时九年。王城四门，门楼廊庑共二百七十二间。核心建筑采用"前三殿—后三宫"的格局，"前三殿"为承运殿、圆殿、存心殿，各为十一间、九间、九间。承运殿前还有承运门，并有周庑，二者共计一百三十八间。"后三宫"只称前、中、后三宫，并无殿名，皆为九间。也有宫门和周庑，共计九十九间。王城之外，还有一圈城垣，也有四门，南门称灵星门，其余三门与王城对应之门名称相同。周垣之内，包含堂库等一百三十八间。王城总共八百一十一间。

六月庚辰，北平布政使司请以北平府顺承、安定二门与丽正等门一体，各设兵马一人。从之③。

十一月甲寅，燕府营造讫工，绘图以进。其制：社稷、山川二坛在王城南之（左）右。王城四门，东曰体仁、西曰遵义、南曰端礼、北曰广智。门楼廊庑二百七十二间。中曰承运殿，十一间。后为圆殿，次曰存心殿，各九间。承运殿之两庑为左、右二殿。自存心、承运周回两庑至承运门，为屋百三十八间。殿之后为前、中、后三宫，各九间。宫门两厢等室九十九间。王城之外，周垣四门，其南曰灵星，余三门同王城门名。周垣之内，堂库等室一百三十八间。凡为宫殿室屋八百一十一间④。

这段重要文献揭示出洪武燕王府的格局及其与旧元宫城和皇城的关系。王城"前三殿—后三宫"的布局，与元大内大明殿—延春阁两组核心建筑群的布局类似，但也有差别：承运殿、前宫的开间数与大明殿、延春阁相同，但主殿以外的部分逐

① 《明太祖实录》，卷九〇。
② ［清］张廷玉等：《明史》，卷一百三十，北京：中华书局，1974 年。
③ 《明太祖实录》，卷一二五。
④ 《明太祖实录》，卷一二七。

渐向明清故宫布局形式演变。其"一百三十八间"和"九十九间"的门楼廊庑数，也与明清故宫前三殿、后三宫的相应数据非常接近。可以认为，燕王府虽然依元大内而建，在核心建筑上受制于元大内的基础，但整体布局上，却创造了新的模式。同时，王城具有两圈城垣的事实，还表明洪武燕王府不仅利用了元大内宫城，也利用了元皇城，其南门灵星门直接沿用了元皇城南门之名。结合前述外城新建城门沿用元大都城门名称的记载，洪武年间北平的建设，除了新筑北城垣这一显著变化外，基本保持了元大都的格局。

二　永乐年间（十三年之前）

永乐七年（1409 年），由于朱棣将巡视北京，特将燕王府各殿改为与南京宫殿相同的名称。如下文所示，将燕王府承运殿改为奉天殿，承运门改为奉天门。

> 正月癸丑，礼部言："皇上将巡狩北京，旧藩府宫殿及门宜正名号。"从之①。
>
> 三月壬戌，车驾至北京，于奉天殿丹陛设坛告天地，遣官祭北京山川、城隍诸神。上御奉天殿受朝贺②。
>
> 十月乙卯，奏："近古百官每日于正衙常参，今每日常期上御奉天门，百官行叩头礼……"③

永乐十二年（1414 年），随着朱棣在北京居住的时间增多，定都北京的想法越来越强烈。首先，命令南京和北京的工匠都归家休息，为第二年大规模开展北京营建做好准备。

> 正月己亥，命工部停运营造砖，罢遣军夫悉归休息④。
>
> 二月壬子，增置北京皇城夜巡铜铃如南京数⑤。

---

① 《明太宗实录》，卷八七。
② 《明太宗实录》，卷八九。
③ 《明太宗实录》，卷九七。
④ 《明太宗实录》，卷一四七。
⑤ 《明太宗实录》，卷一四八。

二月癸酉，命行在工部：凡营造夫匠悉罢遣归，期明年赴工①。

这一阶段，从文献来看，王城的形制更加趋于完备。除了前述奉天殿、奉天门之外，还出现了关于太庙、南郊、文华殿、午门、右顺门、东华门、光禄寺等建筑的记载。

正月壬子，享太庙，命皇太子行礼②。

正月癸未，以将祀南郊，百官受誓戒于文华殿③。

正月元宵节，是夕，上御午门观灯，赐文武群臣及耆老宴④。

二月癸亥，百官奏事毕，上退坐右顺门⑤。

十一月甲寅，开馆东华门外，命光禄寺给朝夕馔⑥。

王城之外，还修建了位于海子桥东的真武庙，开凿了南海子（下马闸海子）。

三月己卯，建真武庙于北京皇城之北⑦。

九月癸未，开北京下马闸海子⑧。

第四节　永乐十三年至十八年北京宫殿的营建

一　永乐十三年（1415 年）

（一）修北京城垣

关于永乐十三年为明北京宫殿营造的开端，可以从永乐十二年对北京工部的一

---

① 《明太宗实录》，卷一四八。
② 《明太宗实录》，卷一四七。
③ 《明太宗实录》，卷一四七。
④ 《明太宗实录》，卷一四七。
⑤ 《明太宗实录》，卷一四八。
⑥ 《明太宗实录》，卷一五八。
⑦ 《明太宗实录》，卷一四九。
⑧ 《明太宗实录》，卷一五五。

道谕旨看出来：

> 二月癸酉，命行在工部：凡营造夫匠悉罢遣归，期明年赴工①。

文中所言"明年"，当是指永乐十三年。无独有偶，永乐十三年二月，又下了一道命工作囚徒"秋成后赴工"的谕旨：

> 二月乙未，释工作囚徒四千九百余人。先是，命出系囚输作赎罪，既而多亡者，有司请捕之，上谓工部尚书吴中曰：逼于饥寒，虽慈父不能得之于子，今亡者必其衣食空乏，出不得已，遂命见役者俱还家，期秋成后赴工。令下，有不愿者七百余人，上悯其感恩急于趋事，并其欲回者，皆释之②。

以上二则，似乎暗示北京宫殿的建设将从永乐十三年秋成后正式开始。但事实上，北京地区的建设，从永乐十三年三月"修北京城垣"之时即已开始。

> 三月丁巳，修北京城垣③。

此时北京城垣的范围，其北界已经在元大都北墙基础上向南缩进了五里，其南界从南面丽正、文明、顺承三门的名称来看，仍然沿用元大都南墙。可见此次"修北京城垣"的内容应是对已有城墙进行加固。

> 二月癸未，置南北二京城门郎。北京：丽正、文明、顺承、齐化、平则、东直、西直、安定、德胜，九门④。

（二）漕运全线贯通

除"修北京城垣"的主要工程外，永乐十三年还实现了漕运的全线贯通：

> 五月乙丑，开清江浦河道。凡漕运北京，舟至淮安，过坝度淮，以达清江

---

① 《明太宗实录》，卷一四八。
② 《明太宗实录》，卷一六一。
③ 《明太宗实录》，卷一六二。
④ 《明太宗实录》，卷一六一。

口，挽运者不胜劳。平江伯陈瑄时总漕运，故老为瑄言："淮安城西有管家湖，自湖至淮河鸭陈口仅二十里，与清和口相直，宜凿河引湖水入淮，以通漕舟。"瑄以闻，遂发军民开河，置四闸，曰移风，曰清江，曰福兴，曰新庄，以时启闭，人甚便之①。

　　七月丙辰，修沿河驿舍，自南京抵北京，凡四十五所②。

（三）人口激增，食盐告急

随着工程的开展，人口的激增，北京地区的食盐开始出现供不应求的情况：

　　七月己未，监察御史萧常言："北京食盐，旧例验口支给，无商人货卖。今车驾幸北京，军民辏集，往往有以私贩取罪者，宜定为常法，募商中纳，以绝私贩之弊。"上命行在户部尚书夏原吉等议之③。

（四）任命官员

永乐十三年秋，考察了宋礼、吴中两位已在北京工部工作九年的官员，命其继续担任相关职务：

　　九月丙辰，行在工部尚书宋礼，历三考，复职，命宴于礼部。
　　九月辛酉，行在工部尚书吴中，九载考绩，命复职，宴于礼部④。

　　其中，宋礼从永乐四年即开始负责为北京宫殿采木。当年的诏书记载："遂遣工部尚书宋礼诣四川、吏部右侍郎师逵诣湖广、户部左侍郎古朴诣江西、右副都御史刘观诣浙江、右佥都御史仲成诣山西，督军民采木。"⑤永乐五年八月甲申又下谕旨："敕尚书宋礼、侍郎金纯、古朴、师逵、副都御史刘观等曰：'朕以营建北京，命卿等取材于外。'"⑥从永乐四年至十三年，宋礼正好任职满九年，即"历三考"。

---

① 《明太宗实录》，卷一六四。
② 《明太宗实录》，卷一六六。
③ 《明太宗实录》，卷一六六。
④ 《明太宗实录》，卷一六八。
⑤ 《明太宗实录》，卷五七。
⑥ 《明太宗实录》，卷七〇。

四 永乐十四年（1416年）

永乐十四年，北京宫殿的营建并未停滞，而是仍在继续：

（一）分番赴工，盐不足用

根据《明实录》的记载：

> 七月甲寅，行在户部尚书夏吉言：北京户口食盐，惟足本处军民之用，今扈从官军人众，盐不足用①。

> 八月丁丑，诏天下军民预北京营造者分番赴工，所在有司人给钞五锭为道里费②。

如前所述，尽管永乐十四年的漕运量较十三年有大幅度的跌落，但其数据仍高于十二年，说明北京宫殿的修建并未停止。漕运量减少的真正原因，应是朱棣于十四年九月起即离开北京，返回南京：

> 九月戊申，车驾发北京③。

> 十月癸未，车驾至京师④。

（二）撤而新之，营建西宫

永乐十四年最主要的工程，是营建西宫：

> 八月丁亥，作西宫。初，上至北京，仍御旧宫。及是，将撤而新之。乃命作西宫为视朝之所⑤。

此处的"旧宫"，应是指燕王府。考察《明实录》中关于"撤而新之"的解释，

---

① 《明太宗实录》，卷一七八。
② 《明太宗实录》，卷一七九。
③ 《明太宗实录》，卷一八〇。
④ 《明太宗实录》，卷一八一。
⑤ 《明太宗实录》，卷一七九。

均是指原址重建。如，永乐十五年（1417 年）八月，修建曲阜孔庙，"命有司撤其旧而新之。"① 永乐二十二年（1424 年）三月，修建南京天禧寺，"国家洪武中，撤而新之。"② 正统八年（1443 年），修建北京国子监，"命有司撤而新之。"③ 可以判断，燕王府与明北京宫殿均是基于原址的重建。再往前推溯，燕王府则是"依元旧皇城基改造王府"，直接利用了元大内的基础。由此可以确定三者在空间上的延续。那么，西宫的位置与格局如何？学界目前主要有两种观点，一种认为西宫位于与元大内隔海子相望的元西内处；另一种则认为西宫位于明清故宫西路。本书支持第二种观点，并认为元大内、燕王府、西宫、明北京宫殿存在空间上的重叠或部分重叠（详见附录二）。从文献来看，西宫实际上是明北京宫殿的一部分，在前文所引永乐十四年十一月的诏书中，群臣议论的是"营建北京宫殿"，最终择日兴工的也是"北京宫殿"。而紧接着的十二月，朱棣下旨，"赐营西宫官军夫匠钞有差"：

> 十二月癸酉，赐营西宫官军夫匠钞有差④。

这说明，营建西宫是营建北京宫殿这一综合工程的一部分，也即西宫应包含在明北京宫殿范围内。

五　永乐十五年（1417 年）

（一）任命新官员

永乐十五年，西宫的建设进入高峰期。《明实录》记载了陈瑄运粮和运木赴北京，并任命陈珪"掌缮工事"：

> 正月壬子，命平江伯陈瑄充总兵官，率领官军償运粮储并提督沿河运木赴北京⑤。

---

① 《明太宗实录》，卷一九二。
② 《明太宗实录》，卷二六九。
③ 《明英宗实录》，卷一一四。
④ 《明太宗实录》，卷一八三。
⑤ 《明太宗实录》，卷一八四。

二月壬申，命泰宁侯陈珪掌缮工事，安远侯柳升、成山侯王通副之①。

（二）历时九月，西宫建成

三月，朱棣离开南京，前往北京。五月，到达北京。

> 三月丁亥朔，上将巡狩北京②。
>
> 三月壬子，车驾发京师③。
>
> 五月丙戌，至北京④。

就在朱棣到达北京之前，西宫落成。这一工程历时九个月，共建成房屋"一千六百三十余楹"。西宫以前朝奉天殿为主体建筑，形成"承天门—午门—奉天门—奉天殿—后殿"的轴线序列，后宫部分的仁寿、景福、仁和、万春、永寿、长春六宫也已经建成。对比前述燕王府"宫殿室屋八百一十一间"的数量，西宫增至一千六百三十间，基本是燕王府建筑规模的两倍。

> 四月癸未，西宫成。其制：中为奉天殿，殿之侧为左右二殿。奉天殿南为奉天门，左右为东西角门。奉天门之南为午门，之南为承天门。殿之北有后殿、凉殿、暖殿及仁寿、景福、仁和、万春、永寿、长春等宫，凡为屋千六百三十余楹⑤。

五月丙戌朔，朱棣在北京奉天殿"受朝贺"并祭祀天地、山川、城隍诸神。

> 五月丙戌朔，车驾至北京。于奉天殿丹陛设坛、告天地，遣官祭北京山川、城隍诸神，御奉天殿，受朝贺⑥。

（三）抚恤营造军民夫匠

西宫建成之后，朱棣下诏遣返部分"服役京师者"，但仍留部分"军民夫匠"在

---

① 《明太宗实录》，卷一八五。

② 《明太宗实录》，卷一八六。

③ 《明太宗实录》，卷一八六。

④ ［清］张廷玉等：《明史》，卷七"本纪第七"。

⑤ 《明太宗实录》，卷一八六。

⑥ 《明太宗实录》，卷一八八。

北京继续开展营建工程。

> 八月辛巳，上谓行在工部臣曰：四方之人服役京师者，水土异习，加以寒暑勤劳，盖有致疾而医药久未瘳者，此皆尽力奉公，当加恤之。今天气已寒，其给行粮，遣人护送还家，仍令有司善存抚之[1]。

> 十月甲申，给赐营造军民夫匠胖袄、袴、鞋及绵布、绵花[2]。

（四）沿用元大内水系

从《明实录》的记载来看，建成后的西宫，沿用了元大内的水系——金水河和太液池。

> 十一月壬申，金水河及太液池冰凝，具楼阁、龙凤、花卉之状，奇巧特异，上赐群臣观之[3]。

这条文献再次证实，西宫不仅位于明北京宫殿范围之内，而且与金水河及太液池相距不远。

六　永乐十六年（1418 年）

永乐十六年的数据显示，北京宫殿的建设仍在继续。历史文献记载，这一时期的主要工程包括宫殿之外的附属建筑和水利、仓储设施，如后军都督府、国子监、古今通集库、琉璃河桥、七仓等：

（一）抚恤营造军民夫匠

> 三月甲子，命行在礼部：北京营造工匠过期未得代者，一月以上人，加赏钞二锭、米一斗；十月以上，加绵布二疋[4]。

---

[1] 《明太宗实录》，卷一九二。
[2] 《明太宗实录》，卷一九三。
[3] 《明太宗实录》，卷一九四。
[4] 《明太宗实录》，卷一九八。

十月丁丑朔，敕平江伯陈瑄曰：天气向寒，漕运士卒久劳，可悉遣归休，俟春暖复令就役①。

十月甲申，赐营造军民夫匠胖袄、袴、鞋②。

（二）附属建筑和水利、仓储设施

三月乙卯，赐进士李骐冠服、银带，余各赐钞五锭，是日赐宴于后军都督府③。

三月丙子，行在礼部言：北京国子监大成殿帷幔敝坏，命工部新之④。

五月庚戌朔，监修实录官行在户部尚书夏原吉、总裁官行在翰林院学士兼右春坊右庶子杨荣等上表进《太祖高皇帝实录》，上具皮弁服，御奉天殿受之，披阅良久，嘉奖再四，曰：庶几小副朕心。又顾原吉等曰：此本朝夕以资览阅，仍别录一本藏古今通集库⑤。

七月丙辰，行在工部言：滹沱河决及滋沙二河水溢坏堤岸，命有司修筑⑥。

七月丙寅，修顺天府琉璃河桥⑦。

九月乙丑，设北京坝上、义河北、高汗、石桥南、石渠、黄土北、草场七仓，置仓大史、副使各一员，隶北京顺天府⑧。

七　永乐十七年（1419 年）

永乐十七年的数据显示，北京宫殿的建设，开始进入收尾阶段。

---

① 《明太宗实录》，卷二○五。
② 《明太宗实录》，卷二○五。
③ 《明太宗实录》，卷一九八。
④ 《明太宗实录》，卷一九八。
⑤ 《明太宗实录》，卷二○○。
⑥ 《明太宗实录》，卷二○二。
⑦ 《明太宗实录》，卷二○二。
⑧ 《明太宗实录》，卷二○四。

（一）抚恤营造军民夫匠

四月己卯，命行在工部月给营造夫匠木梯①。

四月庚辰，赐营造军民夫匠胡椒鱼鲞②。

五月丁卯，命礼部：营造军民愿留服役者，人赐钞五锭，绢布各一疋，苏木、胡椒各一斤③。

十月壬申朔，赐营造军民夫匹胖袄、袴、鞋、胡椒、苏木各有差④。

（二）官员变动

永乐十七年，负责北京宫殿建设的两位主要官员陈珪去世、宋礼老疾。

四月甲辰，泰宁侯陈珪卒。珪，杨之泰州人，少隶行伍，以善射充骁骑右卫骑兵总旗。洪武元年，从大将军徐达等平定中原，授龙虎卫百户。调燕山护卫，尝从上征北虏，为前锋，以功升武德将军本卫千户。又从平内难，数有功，后侍世子居守严督守备，夙夜不懈，累升中军都督金事，封泰宁侯。及营建北京，置缮工，命珪总其事，珪经画有条理，甚见奖重。年八十有五卒。上辍视朝三日，赐祭追靖国公，谥忠襄⑤。

九月辛酉，敕工部尚书宋礼曰：卿采材于蜀数年，殚竭心力，可谓劳矣。今材以足用，可回京视事，卿既老疾，特免朝参事，有当上闻者，今侍代之⑥。

（三）拓北京南城

这一时期的主要工程，是修筑新的南城墙，即将原来元大都的南墙（长安街以南一线），向南拓展至明清北京内城南墙一线。文献记载，拓展的城墙总长度为"二千七百余丈"。

---

① 《明太宗实录》，卷二一一。
② 《明太宗实录》，卷二一一。
③ 《明太宗实录》，卷二一二。
④ 《明太宗实录》，卷二一七。
⑤ 《明太宗实录》，卷二一一。
⑥ 《明太宗实录》，卷二一六。

> 十一月甲子，拓北京南城，计二千七百余丈[①]。

按照 1 步 = 5 尺，1 里 = 360 步，1 丈 = 10 尺的明代尺度计算，2700 丈恰合 15 里。再减去明清北京内城南墙长度 12.11 里，得到 2.89 里，再平分到东、西墙上，则各为 1.45 里[②]。可知"拓北京南城"，是在元大都南墙的基础上向南拓展了约 1.45 里。这 1.45 里，合 522 步，大约是一个千步廊的长度[③]。这正是明北京依照南京规制，对元大都进行改建的重要证据。"拓北京南城"的时间节点，标志着明北京宫殿在经历燕王府、西宫的状态之后，正式形成。

都城南墙的新建成，必然涉及南面三门的新建。需要指出的是，新建成的南三门，仍然沿用了元大都南墙三门的名称。直到"正统初"，才将丽正、文明、顺承三门更名为正阳、崇文、宣武：

> 永乐中定都北京，建筑京城，周围四十里。为九门：南曰丽正、文明、顺承，东曰齐化、东直，西曰平则、西直，北曰安定、德胜。正统初，更名丽正为正阳、文明为崇文、顺承为宣武、齐化为朝阳、平则为阜成。余四门仍旧[④]。

八　永乐十八年（1420 年）

永乐十八年的数据显示，北京宫殿营建完毕，开始遣返工匠，搬迁临近皇城的居民，并命钦天监、礼部、兵部等为永乐十九年（1421 年）的正式迁都做准备工作。

---

① 《明太宗实录》，卷二一八。

② 陈晓虎：《明清北京城墙的布局与构成研究及城垣复原》。

③ 古代以左右脚各走一步为"一步"之长，千步廊实际长度应为 500 步。

④ ［明］李东阳等：《大明会典》，卷一八七"营造五"，扬州：广陵书社，2007 年。文中的四十里应是明里（1 里 = 576 米）。元大都周六十里，近似为东西十四里，南北十六里的矩形。洪武初年，改大都路为北平府，缩其城之北五里。推测当时仍用元代尺度，即将城垣改为东西十四里，南北十一里的矩形，其周长为五十元里。但到《大明会典》编写时，所使用的已是明代尺度。二者换算，50 元里 = 41 明里，与文中"四十里"之数接近。

（一）营建结束，准备迁都

三月己巳朔，诏在外军民夫匠于北京工作者，咸复其家①。

三月丙子，命工部：京师民居近皇城当迁者，量给所费，择隙地处之②。

九月己巳，北京宫殿将成，行在钦天监言：明年正月初一日，上吉，宜御新殿受朝。遂遣行在户部尚书夏原吉赍敕召皇太子，令道途从容而行，期十二月终至北京③。

九月丁亥，上命行在礼部：自明年正月初一日始，正北京为师，不称行在。④。

十一月丁卯，上谓行在兵部尚书方宾曰：明年改行在所为京师，凡军卫合行事，宜其令各官议拟以闻⑤。

之前在南京监国的皇太子和皇太孙，也在十二月抵达北京，准备参加来年的迁都仪式。

十月壬子，皇太子发南京⑥。

十一月乙酉，皇太孙发南京⑦。

十二月己未，皇太子及皇太孙至北京⑧。

（二）新都建成，昭告天下

十一月，朱棣昭告天下，北京宫殿建设已经"告成"，这标志着北京宫殿营建工程的结束。最终建成的北京宫殿"规制悉如南京，而高敞壮丽过之"，共有屋"八千三百五十楹"，与前文记载的西宫"一千六百三十余楹"相比，又增加了六千七百二十楹。这增加的部分，包括庙社、郊祀、坛场、宫殿、门阙，以及位于皇城之外的

① 《明太宗实录》，卷二二三。
② 《明太宗实录》，卷二二三。
③ 《明太宗实录》，卷二二九。
④ 《明太宗实录》，卷二二九。
⑤ 《明太宗实录》，卷二三一。
⑥ 《明太宗实录》，卷二三〇。
⑦ 《明太宗实录》，卷二三一。
⑧ 《明太宗实录》，卷二三二。

皇太孙宫、十王邸等。

十一月戊辰，上以明年御新殿受朝，诏天下曰：开基创业，兴王之本为先，继体守成，经国之宜尤重。昔朕皇考太祖高皇帝，受天明命，君主华夷，建都江左，以肇邦基。肆朕缵承大统，恢弘鸿业，惟怀永国，眷兹北京，实为都会，惟天意之所属，实卜筮之攸同，乃做古制，徇舆情，立两京，置郊社、宗庙，创建宫室。上以绍皇考太祖高皇帝之先志，下以贻子孙万世之弘规。爰自营建以来，天下军民，乐于趋事，天人协赞，景贶骈臻，今已告成，选永乐十九年正月朔旦，御奉天殿，朝百官。诞新治理，用致雍熙于戏。天地清宁，衍宗社万年之福。华夷绥靖，隆古今全盛之基。故兹诏示，咸使闻之①。

十二月癸亥，初，营建北京，凡庙社、郊祀、坛场、宫殿、门阙，规制悉如南京，而高敞壮丽过之。复于皇城东南建皇太孙宫，东安门外东南建十王邸，通为屋八千三百五十楹。自永乐十五年六月兴工，至是成②。

需要指出的是，从前文来看，永乐十五年四月，西宫落成；五月，朱棣在奉天殿受朝贺。而此处关于北京宫殿营建"自永乐十五年六月兴工，至是成"的记载，显然是将西宫独立于北京宫殿之外。但从上文关于实际工程进展的梳理来看，西宫应隶属于北京宫殿。永乐十五年六月之后的建设，主要是西宫之外的宫殿、附属建筑、水利设施、仓库、城墙、皇太孙宫、十王邸等工程。因此，明北京宫殿的营建时间，并非始于上述引文所指的"永乐十五年六月"，事实上，无论是《明实录》、《明会典》或《明史》，都没有关于这一时间点开始营建北京宫殿的具体事件。本文综合史料，将明北京宫殿的始建时间确定为"永乐十三年三月"。

经过整理再现出明北京宫殿的营建和空间演变过程（表5.3），证明朱棣营建明北京宫殿的行为，实早于永乐十四年官方宣布的诏书。具体来看，明北京宫殿的营建过程，先由外及内、又由内及外。从修北京城垣开始，到营建西宫，再到西宫之外的宫殿建筑、附属建筑、水利及仓储设施，最后以拓北京南墙结束。

---

① 《明太宗实录》，卷二三一。
② 《明太宗实录》，卷二三二。

表 5.3　明永乐十三年至十八年北京宫殿的营建

年代	营建诏书	官员任职	工匠派遣	工程进展
永乐十三年	—	任命宋礼、吴中	人口激增，食盐告急	修北京城垣
永乐十四年	营建北京宫殿诏	—	分番赴工，盐不足用	营建西宫
永乐十五年	—	任命陈瑄、陈珪	抚恤营造军民夫匠	西宫建成
永乐十六年	—	—	抚恤营造军民夫匠	西宫以外的宫殿建设、国子监大成殿、古今通集库、水利设施、七仓建成
永乐十七年	—	陈珪去世、宋礼老疾	抚恤营造军民夫匠	西宫以外的宫殿建设、拓北京南城
永乐十八年	北京宫殿告成诏	—	营造军民夫匠咸复其家	北京宫殿建成，迁近皇城居民，皇太孙宫、十王邸建成

第五节　本章小结

元明之际宫城地区的时空变迁，是北京城市历史研究的一个重大问题。这一时段，既是明北京的营建之始，对厘清燕王府、西宫等明北京宫殿的前身具有重要意义；又能反观元大内的最终格局，为推进元大内的规划复原提供证据。

针对明北京宫殿始建时间的争议，本章采用数字人文（digital humanities）的研究方法，重点分析《明实录》中永乐年间的漕运数据，判断明北京宫殿的实际营造时间为永乐十三年至十八年。进而梳理这一时期官员任职、工匠派遣、工程进展等史料，将明北京宫殿的营建划分为五个阶段：一为永乐十三年，修北京城垣；二为永乐十四年至十五年，营建西宫；三为永乐十六年，营建西宫以外的宫殿建筑、附属建筑和水利、仓储设施；四为永乐十七年，继续营建西宫以外的宫殿建筑，拓北京南城；五为永乐十八年，北京宫殿及附属建筑建成，迁近皇城居民。

依据上述结论，进一步提出元大内、燕王府、西宫、明北京宫殿实为基于原址的利用、重建或扩建，否定了西宫建于元西内基础上的观点。如果结合洪武年间和永乐十三年之前的文献进行考量，明北京宫殿、燕王府与元大内的核心建筑，应是完全的叠压，而西宫则相对偏西和偏南，坐落于明清故宫的西路（图5.1）。

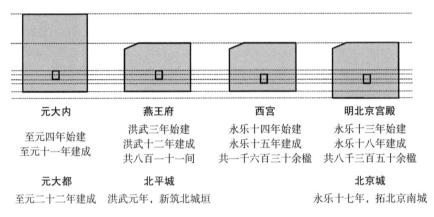

元大内	燕王府	西宫	明北京宫殿
至元四年始建 至元十一年建成	洪武三年始建 洪武十二年建成 共八百一十一间	永乐十四年始建 永乐十五年建成 共一千六百三十余楹	永乐十三年始建 永乐十八年建成 共八千三百五十余楹
元大都	**北平城**		**北京城**
至元二十二年建成	洪武元年，新筑北城垣		永乐十七年，拓北京南城

图5.1　元明之际北京城墙和宫殿位置的变迁（徐斌绘制）

第六章 元大都的象天法地规划

"象天法地"是中国古代都城规划的重要特征，其目的是在中央集权的帝国时代，通过都城与星空的同构，为君权天授提供有力支撑。"象天法地规划"则是指在都城布局中，以某一重要时刻（如岁首时刻）的星空图式作为都城空间布局模式。通过这种以特殊时刻天象为都城布局模式的"象天"设都手法，将代表空间的都城与代表时间的历法统一起来，在都城规划中反映"天地对应、时空一体"的思想。

北京地区作为全国首都肇始于元代，元大都的兴建为明清两朝和今日北京的发展奠定了坚实基础。元大都的规划完整而独特，在中国乃至世界城市规划史上都具有重要地位。文献表明，元大都的规划具有"象天法地"的显著特征。这一特征已经引起部分学者的思考，如吴庆洲认为："元大都选择太微垣为宫城之位，不用北辰宇宙模式。"[1] 武廷海认为："元大都规划基于天文图格局拟定皇城南北边界及重要功能区位置。"[2] 从象天法地视角推进元大都规划复原研究，是探索元大都规划思想和方法的新路径，对挖掘元大内的规划文化蕴含具有重要意义。

第一节 《大都赋》和《析津志》

元代李洧孙的《大都赋》和熊梦祥的《析津志》，均包含了元大都规划"象天法地"的内容，是探究元大都规划思想和方法的重要文献。

---

[1] 吴庆洲：《建筑哲理、意匠与文化》。
[2] 武廷海：《元大都规画猜想》。

　　清朱彝尊《日下旧闻》有张鹏序曰："金则疆域有图，元则建都有纪。"① 元代建都之纪指的是李洧孙所撰《皇元建都记》，也称《大都赋》。但朱彝尊本人并未看过《大都赋》，据清《钦定日下旧闻考》记载："元李洧孙《大都赋》，朱彝尊惜其未见，今从《永乐大典》中录出增载，可以证元都之方位制度矣。"② 今日所见《大都赋》，即收录于《钦定日下旧闻考》。文中的"方位"，很明显是与空间相关的内容，《大都赋》是研究元大都规划布局的核心资料。

　　根据《李洧孙墓志》的记载，《大都赋》作于大德二年（1298 年），此时距离至元四年（1267 年）元大都开始建设，仅 31 年。距离至元二十二年（1285 年）元大都基本建成，仅过去了 14 年③：

　　　　李洧孙，字山甫，宁海人，以词赋中选第一擢甲戌进士第，授黄州司户参军，未上而黄州以版图归国，栖迟海滨者二十余年。郡府以名刺上，乃为强起抵京师，述《大都赋》以献，时大德二年也。六年，乃得杭州路儒学教授，选为江浙同考官。天历二年卒，学者尊之曰霁峰先生，所著诗赋、赞颂、箴铭、表启、碑志、序说总若干卷，重修《台州图经》，列于学宫④。

　　黄溍还为李洧孙的《霁峰文集》作序，更加详细地记载了《大都赋》在当时的影响：

　　　　先生因作《大都赋》以进，一时馆阁诸公咸共叹赏，交荐于上，擢教授杭学，而其赋遂为人传诵⑤。

　　明初宋濂为黄溍门人，作有《题李霁峰先生墓铭后》，对《大都赋》及李洧孙的

---

① ［清］于敏中撰：《钦定日下旧闻考》，卷一百六十"《日下旧闻》原序"。
② ［清］于敏中撰：《钦定日下旧闻考》，卷六"李洧孙《大都赋》并序"。
③ ［明］宋濂等：《元史》，卷六"世祖本纪"记载："至元四年，春正月，戊午，立提点宫城所。……城大都。……夏四月甲子，新筑宫城。"说明元大都的营建始于此。卷十三"世祖本纪"又载："至元二十二年，二月壬戌，诏旧京居民之迁京城者，以赀高及居职者为先。仍定制以地八亩为一分，其或地过八亩及力不能作室者，皆不得冒据，听民作室。"说明此时除居住建筑外，元大都已经基本建成。
④ ［清］嵇曾筠监修：《浙江通志》，卷一百八十一，上海：商务印书馆，1934 年。
⑤ 张元济编：《四部丛刊·初编·集部·金华黄先生文集》，卷十八，上海：商务印书馆，1919 年。

文笔评价颇高：

> 濂儿时伏读霁峰先生所撰《大都赋》，即慕艳其人，逮长受经于黄文献公，为言先生博学而能文，议论英发，如宝库宏开，苍璧、白琥、黄琮、玄圭杂然而前陈，光彩照耀不可正视，盖豪杰之士也①！

《析津志》乃元末熊梦祥所作，时间上晚于《大都赋》。据徐苹芳考证，《析津志》的主要写作时间，在至正十四年（1354 年）至十七年（1357 年）之间②。熊梦祥曾历任大都路儒学提举、崇文监丞，有机会接触到大量关于元大都的文献资料。《析津志》对大都的城垣街市、朝堂公宇、河闸桥梁、名胜古迹、人物名宦、山川风物、物产矿藏、岁时风尚、百官学校等有翔实记载，是一本专门记载北京和北京地区历史地理的志书，也是研究元大都的重要资料。原书惜已失传，经北京图书馆善本组整理，汇为《析津志辑佚》出版③。

熊梦祥本人对地理之术颇为推崇，《析津志辑佚》中即保留了一段刘秉忠依据地理形势，"辨方位"，确定中书省位置的记载。熊梦祥认为此举关系重大，后人对中书省位置的调整及开凿金口河等工程，破坏了"地脉"，影响了元朝的国运帝祚：

> 中书省，至元四年，世祖皇帝筑新城，命太保刘秉忠辨方位，得省基，在今凤池坊之北。……其内外城制与官室、公府，并系圣裁，与刘秉忠率按地理经纬，以王气为主。故能匡辅帝业，恢图丕基，乃不易之成规，衍无疆之运祚。自后阅历既久，而有更张改制，则乖戾矣。盖地理，山有形势，水有源泉。山则为根本，水则为血脉。自古建邦立国，先取地理之形势，生王脉络，以成大业，关系非轻，此不易之论。自后朝廷妄用建言，不究利害，往往如是。若五华山开金口，决城濠，泄海水，大修造，动地脉，伤元气而事功不立。比及大议始出，则无补于事功矣④。

---

① ［明］宋濂等：《文宪集》，卷十三，吉林：吉林出版集团，2005 年。
② ［元］熊梦祥著、徐苹芳整理：《辑本析津志》，北京：北京联合出版公司，2017 年。
③ ［元］熊梦祥著、北京图书馆善本组辑：《析津志辑佚》。
④ ［元］熊梦祥著、北京图书馆善本组辑：《析津志辑佚》，"中书省照算题名记"。

两篇文献在谈及元大都的规划布局时，都提到了"方位"，这说明忽必烈与刘秉忠在共同裁决元大都规划时，是十分重视"方位"的。那么，在采取"象天法地"规划手法时，如何从天地对应的角度，为主要功能区布局寻找"方位"上的依据，就成为下文要探讨的主要内容。

第二节　文献分析

《大都赋》的内容十分广泛，从天文、地理、风俗、方物、遗迹、都城、职贡、兴农、出行、游猎等方面，全面介绍了元大都的风貌和文化。在都城部分，又细分为轴线、城墙、道路、城坊、宫城、庭、水系、御苑、宗庙、官署、对外交通、市场十二个部分。现将其中涉及元大都主要功能区和"象天法地"规划的内容摘录于下：

> 上法微垣，屹峙禁城。
>
> 掞斗杓之嶙峋，对鹑火之炜煌。
>
> 象黄道以启途，仿紫极而建庭。
>
> 道高梁而北汇，堰金水而南萦。俨银汉之昭回，抵阁道而经大陵。
>
> 左则太庙之崇，……右则慈闱之尊。
>
> 既辨方而正位，亦列署而建官。都省应乎上台，枢府协乎魁躔，霜台媲乎执法，农司符乎天田①。

文中的微垣、斗杓、鹑火、黄道、紫极、银汉、阁道、大陵、上台、魁躔、执法、天田，都是古代天文学中的星名或术语。而禁城、庭、高梁、金水、昭回、都省、枢府、霜台、农司，则是元大都的宫城、水系、城坊、官署等主要功能区。

类似地，在《析津志辑佚》中，也能找到有关"象天法地"规划的记载：

> 世祖皇帝统一海寓，定鼎于燕。省部院台、百□庶府、焕若列星。②

---

① ［清］于敏中撰：《钦定日下旧闻考》，卷六"李洧孙《大都赋》并序"。
② ［元］熊梦祥著、北京图书馆善本组辑：《析津志辑佚》，"中书断事官厅题名记"。

北省始创公宇，宇在凤池坊北，钟楼之西。

中书省，至元四年，世祖皇帝筑新城，命太保刘秉忠辨方位，得省基，在今凤池坊之北。以城制地，分纪于紫微垣之次。

枢密院，在武曲星之次。

御史台，在左右执法天门上。

太庙，在震位，即青宫。

天师宫，在艮位鬼户上①。

至元四年二月己丑，始于燕京东北隅，辨方位，设邦建都，以为天下本。四月甲子，筑内皇城。位置公定方隅，始于新都凤池坊北立中书省。其地高爽，古木层荫，与公府相为樾荫，规模宏敞壮丽。奠安以新都之位，置居都堂于紫微垣②。

可以看到，《析津志辑佚》不仅包含了天文术语，如紫微垣、武曲星、左右执法天门；还涉及八卦方位，如震位、艮位鬼户。其所对应的地面建筑分别为都堂、枢密院、御史台、太庙、天师宫。

从内容来看，《析津志辑佚》中第三条和最后一条文献存在部分重叠。根据徐苹芳的研究，《钦定历代职官表》中还有一条关于《永乐大典》引《析津志》的类似文献：

至元四年四月，筑燕京内皇城，置公署，定方隅。始于新都凤池坊北立中书省。以新都位置，居都堂于紫微垣③。

综合来看，这三条文献都谈及按照都城的方位，将都堂布局在紫微垣的位置。那么，这里的"都堂"究竟指什么呢？从前后文来看，似乎是指中书省。前述吴庆洲和武廷海关于元大都"象天法地"规划的研究，也是以此为依据，认为中书省对应于紫微垣，进而推断出宫城对应于太微垣的结论。但从与熊梦祥交往密切的欧阳

---

① ［元］熊梦祥著、北京图书馆善本组辑：《析津志辑佚》，"中书省照算题名记"。

② ［元］熊梦祥著、北京图书馆善本组辑：《析津志辑佚》，"中书省工部题名记"。

③ ［元］熊梦祥著、徐苹芳：《辑本析津志》，引《钦定历代职官表》卷四"内阁下"。

原功所书《中书右丞相领通惠河都水监事政绩碑》来看，明确记载了与"紫宫"（即紫微垣）对应的是宫城，而非中书省：

> 国治水官，象天元冥，都水有政，治国大经。于穆皇元，龙兴朔方，秉令天一，并牧八荒。乃据析津，乃建神州，囊括万派，衡从其流。东浚白浮，遵彼西山，即是天津，流毕昴间。西把紫宫，南出皇畿，又东注海，万派攸归。东溟天池，若为我潴，给我漕挽，径达宸居。河济淮江，陈若指掌，我凿二渠，利尽穹壤①。

徐苹芳认为这篇文献也属于《析津志》原书的一部分。由此看来，《析津志》中的"都堂"，指的是元大内宫廷。同时，这篇文献还提供了元大都引自白浮泉的水系对应于天津（银汉）的证据，与《大都赋》中的"道高梁而北汇，堰金水而南萦。俨银汉之昭回，抵阁道而经大陵"相呼应。

值得注意的是，《大都赋》与《析津志》两部文献所涉及的天文术语与地面建筑，也存在内容上的重叠。如《大都赋》中的"微垣"，从古代天文学视角，既可以指"太微垣"，也可以指"紫微垣"。如果作"紫微垣"解，那么"上法微垣，屹峙禁城"，与"仿紫极而建庭""以城制地，分纪于紫微垣之次""置居都堂于紫微垣""以新都位置，居都堂于紫微垣"，就表达了同样的意思，即以"紫微垣"比拟大内宫殿。

进一步，还可以找到两文在其他方面的对应。如御史台，《大都赋》作"霜台媲乎执法"，《析津志辑佚》为"御史台在左右执法天门上"，都是指御史台对应执法二星。如枢密院，《大都赋》作"枢府协乎魁躔"，《析津志辑佚》为"枢密院在武曲星之次"，魁指北斗斗魁，武曲星即北斗七星，都是指枢密院对应北斗。又如太庙，《大都赋》作"左则太庙之崇"，《析津志辑佚》为"太庙在震位，即青宫"，都是指太庙位于正东方位。

综上可以认为，《析津志辑佚》在描述元大都布局方位时，与《大都赋》的观点是一致的。考虑到两篇文献的写作时间，还存在借鉴传抄的可能。因此，在讨论元

---

① ［清］于敏中撰：《钦定日下旧闻考》，卷八十九"郊坰二"，"欧阳原功书中书右丞相领通惠河都水监事政绩碑"。

大都"象天法地"规划时，就可以综合利用两份材料，探讨同一空间模式下星图的"落地"（表6.1）。

表6.1　《大都赋》和《析津志辑佚》关于元大都象天法地规划的记载

天文术语或八卦方位		地面建筑
《大都赋》	《析津志辑佚》	
紫微垣/紫极	紫微垣	禁城/都堂/庭
斗杓	—	—
鹑火	震位	太庙
黄道	—	中轴线道路
银汉	天津	高梁河—金水河
阁道	—	—
大陵	—	—
上台	—	都省（尚书省）
魁躔	武曲星（北斗）	枢府（枢密院）
执法	执法	霜台（御史台）
天田	—	农司（大司农司）
—	艮位	天师宫

第三节　天文复原

《元史·天文志》记载：

　　若昔司马迁作《天官书》，班固、范晔作《天文志》，其于星辰名号、分野次舍、推步候验之际详矣。及晋、隋二《志》，实唐李淳风撰，于夫二十八宿之躔度，二曜五纬之次舍，时日灾祥之应，分野休咎之别，号极详备。后有作者，无以尚之矣。是以欧阳修志《唐书·天文》，先述法象之具，次纪日月食、五星凌犯及星变之异；而凡前史所已载者，皆略不复道。而近代史官志宋《天文》者，则首载仪象诸篇；志金《天文》者，则唯录日月五星之变①。

　　正是出于"凡前史所已载者，皆略不复道"的考虑，《元史·天文志》只记载了天文仪器和特殊天象，并未对"三垣二十八宿"进行逐一描述。再考察元代所编写的三本天文志书，《宋史·大文志》《金史·天文志》和《辽史·历象志》，其中，《宋史·天文志》详细记载了周天星宿的组成，而《金史·天文志》《辽史·历象志》也没有再重复记录。因此，要了解元初周天星宿的面貌，可以参考《宋史·天文志》关于"三垣二十八宿"的记载②。

　　另一方面，传世天文图为理解古人对周天星宿的划分提供了直观的参考。遗憾的是，虽然元代天文学的发展大放异彩，涌现出郭守敬这样著名的天文学家，但是没有天文图传世。因此，只能依据前后时期的天文图，与《宋史·天文志》相互参看，并辅以天文复原软件 Stellarium③，来复原元初的天文图式。

　　距离元大都营建时间最近的两幅绘制精良的传世天文图，分别是南宋苏州石刻天文图和明代北京隆福寺万善正觉殿藻井天文图。其中，南宋苏州石刻天文图，为南宋黄裳所绘，但据席泽宗④、潘鼐⑤考证，其内容是北宋元丰年间（1078～1085年）的天文观测数据。而关于明代北京隆福寺万善正觉殿藻井天文图的内容有不同的认识，伊世同⑥认为此图依据的是唐代天文图，潘鼐⑦认为此图本自元、明官方天文图。不过，上述争论并不妨碍关于此天文图空间模式的研究。无论是南宋苏州天文图，还是明代隆福寺天文图，二者所反映的都是隋唐《步天歌》以来确定的"三垣二十八宿"的天空格局，与元初关于周天星宿的划分差别不会太大（图6.1）。

---

① ［明］宋濂等：《元史》，卷四十八"天文志"。
② ［元］脱脱等：《宋史》，卷四十九至五十一"天文志"，北京：中华书局，1977 年。
③ Stellarium 是一款虚拟星象仪软件，可以通过设置观测时间和地点，计算天空中行星和恒星的位置，并按照不同的坐标体系显示出来。
④ 席泽宗：《苏州石刻天文图》。
⑤ 潘鼐：《苏州南宋天文图碑的考释与批判》。
⑥ 伊世同：《〈步天歌〉星象——中国传承星象的晚期定型》。
⑦ 潘鼐：《中国古天文图录》。

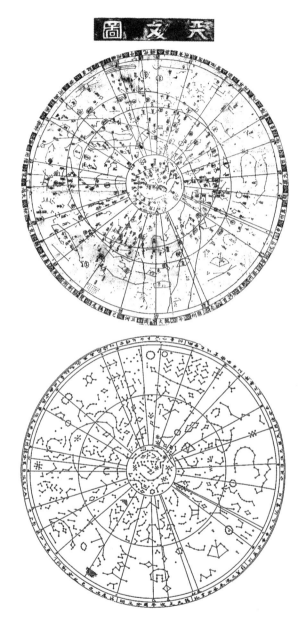

图 6.1　南宋苏州石刻天文图（上图）和明代北京隆福寺万善正觉殿藻井天文图（下图）
（上图采自席泽宗：《苏州石刻天文图》，下图采自潘鼐：《中国古天文图录》）

　　下面就以《宋史·天文志》的记载为主，试析《大都赋》和《析津志辑佚》中关于"象天法地"规划的星名和天文术语。

　　紫微垣。位于天文图正中，其中心为北天极。《宋史·天文志》记载："紫微垣东蕃八星，西蕃七星，在北斗北，左右环列，翊卫之象也。……北极五星在紫微宫中，北辰最尊者也，其纽星为天枢。天运无穷，三光迭耀，而极星不移，故曰'居其所而众星共之'。"①

斗杓。即北斗斗柄。《宋史·天文志》有："北斗七星在太微北，杓携龙角，衡殷南斗，魁枕参首，是为帝车。运于中央，临制四海，以建四时、均五行、移节度、定诸纪。乃七政之枢机，阴阳之元本也。"② 斗杓具有指示时节的重要功能。

鹑火。周天十二次度之一。南宋苏州石刻天文图和明代北京隆福寺藻井天文图上都绘有鹑火的分次。《新唐书·天文志》记载："柳、七星、张，鹑火也。初，柳七度，余四百六十四，秒七少。中，七星七度。终，张十四度。"③ 说明鹑火的跨度是从柳宿七度至张宿十四度。

黄道。《宋史·天文志》释"黄赤道"曰："以日躔半在赤道内，半在赤道外，出入内外极远者皆二十有四度，以其行赤道之中者名之曰黄道。凡五纬皆随日由黄道行。"④ 黄道是日和五纬运行的轨道，与赤道呈二十四度夹角。

银汉。也称云汉、天汉。《新唐书·天文志》保存了僧一行"天下山河两戒考"，按照天地分野的对应关系，将云汉分为两支，详细记载了不同时节云汉在天空中的位置和走向⑤。

阁道。属奎宿。《宋史·天文志》记载："阁道六星，在王良前，飞道也，从紫宫至河神所乘也。一曰主辇阁之道，天子游别宫之道也。"⑥ 营室有"离宫"的含义，与"别宫"同义。阁道跨越天汉，连接紫宫（紫微垣）与别宫（营室），具有桥的意象。

大陵。属胃宿。《宋史·天文志》曰："大陵八星，在胃北，亦曰积京，主大丧也。"⑦ 关于胃宿，《宋史·天文志》有："胃宿三星，天之厨藏，主仓廪，五谷府

---

① ［元］脱脱等：《宋史》，卷四十九"天文志"。
② ［元］脱脱等：《宋史》，卷四十九"天文志"。
③ ［北宋］欧阳修等：《新唐书》，卷三十五"天文志"，北京：中华书局，1975 年。
④ ［元］脱脱等：《宋史》，卷四十八"天文志"。
⑤ ［北宋］欧阳修等：《新唐书》，卷三十五"天文志"。
⑥ ［元］脱脱等：《宋史》，卷五十一"天文志"。
⑦ ［元］脱脱等：《宋史》，卷五十一"天文志"。

也。"① 胃宿是天之仓廪，大陵浮于天汉而联系胃宿，也应有桥梁、通道的意思。

上台。上台属三台，是连接紫微垣和太微垣的通道。《宋史·天文志》曰："三台六星，两两而居，起文昌，列抵太微。一曰天柱，三公之位也。在人曰三公，在天曰三台，主开德宣符。西近文昌二星，曰上台，为司命，主寿。……又曰三台为天阶，太一蹑以上下。一曰泰阶，上阶上星为天子，下星为女主。"②

魁躔。魁指北斗斗魁，《宋史·天文志》在"北斗七星"下曰："魁第一星曰天枢，正星，主天，又曰枢为天，主阳德，天子象。……又曰一至四为魁，魁为璇玑。五至七为杓，杓为玉衡。"③ 魁躔即北斗斗魁的轨迹，也可以理解为斗魁所在方位。斗魁与斗杓相互对应，据《新唐书·天文志》记载："斗杓谓之外廷，阳精之所布也。斗魁谓之会府，阳精之所复也。杓以治外，故鹑尾为南方负海之国。魁以治内，故陕辈为中州四战之国。"④

执法。执法二星属太微垣。《宋史·天文志》引《晋书·天文志》曰："（太微垣）南蕃中二星间曰端门。东曰左执法，廷尉之象。西曰右执法，御史大夫之象。执法所以举刺凶邪。……左右执法各一星，在端门两旁，左为廷尉之象，右为御史大夫之象，主举刺凶奸。"⑤ 执法具有监察、刺史的意思。

天田。二十八宿中共有两个天田，分属角宿和牛宿。其中，角宿天田由两颗星构成："在角北，主畿内封域。"⑥ 牛宿天田由九颗星构成："在斗南，一曰在牛东南，天子畿内之田。其占与角北天田同。"⑦ 《大都赋》中的天田的所指，还需要进一步联系地面建筑来确定。

在明确《大都赋》和《析津志辑佚》中星名和天文术语的所指之后，可以进一步使用天文复原软件 Stellarium，精确复原《大都赋》创作之时的天文图式，弥补缺乏元代天文图实物的遗憾，为从"象天法地"角度复原元大都规划模式提供参考。

---

① ［元］脱脱等：《宋史》，卷五十一"天文志"。
② ［元］脱脱等：《宋史》，卷四十九"天文志"。
③ ［元］脱脱等：《宋史》，卷四十九"天文志"。
④ ［北宋］欧阳修等：《新唐书》，卷三十五"天文志"。
⑤ ［元］脱脱等：《宋史》，卷四十九"天文志"。
⑥ ［元］脱脱等：《宋史》，卷五十"天文志"。
⑦ ［元］脱脱等：《宋史》，卷五十"天文志"。

　　为了明确《大都赋》创作之时的天文图式，需要对当时的历法做一番考察。《元史·历志》记载，元代起初承用金代《大明历》，后由耶律楚材编《西征庚午元历》，以正《大明历》，但并未颁用。至元四年（1267 年），西域札马鲁丁进《万年历》，世祖稍颁行之。至元十三年（1276 年），平宋，遂诏前中书左丞许衡、太子赞善王恂、都水少监郭守敬改治新历。十七年（1280 年）冬至，历成，诏赐名曰《授时历》。十八年（1281 年），颁行天下①。《授时历》"以累年推测到冬夏二至时刻为准，定拟至元十八年辛巳岁前冬至，当在己未日夜半后六刻，即丑初一刻"②。即将十八年的岁首时刻确定为至元十七年冬至己未夜半后六刻。根据张培瑜的复原，其对应的公历时间为 1280 年 12 月 14 日 1 点 49 分。其后各年的冬至，基本都在 12 月 13～14 日之间，例如《大都赋》创作之时的大德二年，其岁首对应的公历时间为 1297 年 12 月 14 日 5 点 01 分③。

　　有关秦汉都城"象天法地"规划的研究揭示出以历法岁首黄昏时刻星象为都城布局模式的手法，推测这与古人观测"昏旦中星"的习惯相关。东汉蔡邕《月令章句》记载："日入后漏三刻为昏，日出前漏三刻为明，星辰可见之时也。"夏至周代所使用的历法《夏小正》出现了"正月，初昏参中""四月，初昏南门正""五月，初昏大火中"等记载，说明至迟在西周时期已对部分月份的"昏旦中星"进行了观测和记录。而在《礼记·月令》和《吕氏春秋·十二纪》中，则包含了完整的关于十二月"昏旦中星"的记录，说明战国时期已经形成观测"昏旦中星"的传统：

　　　　孟春之月，日在营室，昏参中，旦尾中。

　　　　仲春之月，日在奎，昏弧中，旦建星中。

　　　　季春之月，日在胃，昏七星中，旦牵牛中。

　　　　孟夏之月，日在毕，昏翼中，旦婺女中。

　　　　仲夏之月，日在东井，昏亢中，旦危中。

　　　　季夏之月，日在柳，昏火（心）中，旦奎中。

---

① ［明］宋濂等：《元史》，卷五十二"历志"。

② ［明］宋濂等：《元史》，卷五十二"历志"。

③ 张培瑜：《三千五百年历日天象》，郑州：河南教育出版社，1990 年。

孟秋之月，日在翼，昏建星（斗）中，旦毕中。

仲秋之月，日在角，昏牵牛中，旦觜觿中。

季秋之月，日在房，昏虚中，旦柳中。

孟冬之月，日在尾，昏危中，旦七星中。

仲冬之月，日在斗，昏东壁中，旦轸中。

季冬之月，日在婺女，昏娄中，旦氐中①。

　　古人对"昏旦中星"的观测以及秦汉都城以岁首黄昏星象为象天设都模式的特征，为复原元大都"象天法地"规划的天文模式提供了启示。本文即取大德二年岁首黄昏（1297 年 12 月 14 日 21 点 00 分）北京地区（N39°54′，E116°23′）的天象进行复原，并将涉及元大都"象天法地"的星宿标注出来（图6.2）。

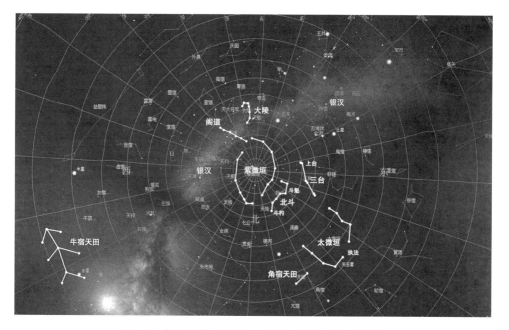

图6.2　《大都赋》创作之时的天文复原（徐斌绘制）
时间取大德二年岁首黄昏，即 1297 年 12 月 14 日 21 点 00 分；地理坐标取北京：N39°54′，E116°23′。

---

① ［战国］吕不韦著，张双棣等译注：《吕氏春秋》，卷一至十二"十二纪"，北京：中华书局，2011 年。

第四节　都城复原

上述两篇文献所见的元大都主要功能区包括大内（禁城/庭/都堂）、高梁河、金水河、昭回坊、中书省或尚书省（都省）、枢密院（枢府）、御史台（霜台）、大司农司（农司）、太庙、天师宫。下文依据文献和前人研究，确定其具体位置。

大内。前文已述，元大内轴线与明清故宫轴线重合，大小相仿。只是元大内位置略偏北，其南界在今太和殿一线，北界在今陟山门街—景山公园西门—景山公园东门一线，东西界与明清故宫东西墙基本重合。

高梁河和金水河。前文已述，元代北京地区存在两套水系，分别是人工修建的白浮泉—高梁河—积水潭漕运系统，以及玉泉山—金水河—太液池宫苑用水系统。高梁河（属于通惠河）的走向，《元史·河渠志》有较为明确的记载："通惠河，其源出于白浮、瓮山诸泉水也。世祖至元二十八年，都水监郭守敬奉诏兴举水利，因建言：'疏凿通州至大都河，改引浑水溉田，于旧闸河踪迹导清水，上自昌平县白浮村引神山泉，西折南转，过双塔、榆河、一亩、玉泉诸水，至西水门入都城，南汇为积水潭，东南出文明门，东至通州高丽庄入白河，总长一百六十四里一百四步。'"① 金水河"其源出于宛平县玉泉山，流至和义门南水门入京城，故得金水之名"②。据此可以大致勾勒出高梁河与金水河的走向。

昭回坊。元大都五十坊之一。《钦定日下旧闻考》引《析津志》明确记载了昭回坊的位置："双青杨树大井关帝庙又北去，则昭回坊矣。前有大十字街；转西，大都府、巡警二院；直西，则崇仁倒钞库；西，中心阁；阁之西，齐政楼也，更鼓谯楼；楼之正北，乃钟楼也。"③ 大都府（大都路总管府）的位置已经得到确定，据此，也可以确定昭回坊的位置，应在大都路总管府之南，元大内之东北。

---

① ［明］宋濂等：《元史》，卷六十四"河渠志"。
② ［明］宋濂等：《元史》，卷六十四"河渠志"。
③ ［清］于敏中撰：《钦定日下旧闻考》，卷三十八"京城总纪二"。

中书省和尚书省。《元史·百官志》记载："世祖即位，登用老成，大新制作，立朝仪，造都邑，遂命刘秉忠、许衡酌古今之宜，定内外之官。其总政务者曰中书省，秉兵柄者曰枢密院，司黜陟者曰御史台。"① 中书省、枢密院、御史台是元初最重要的三个官职。稍晚时期设立的尚书省也非常重要。元初，中书省与尚书省的罢立交织在一起。至元四年（1267年），首先于凤池坊北设立大都中书省，见《析津志辑佚》记载："至元四年二月己丑，始于燕京东北隅，辨方位，设邦建都，以为天下本。四月甲子，筑内皇城。位置公定方隅，始于新都凤池坊北立中书省。"至元二十四年（1287年），在五云坊东立尚书省，"至元二十四年闰二月，立尚书省……时五云坊东为尚书省。"至元二十七年（1290年），将尚书省并入中书省，并将中书省迁至尚书省位置，"至元二十七年，尚书省事入中书省……于今尚书省为中书省，乃有北省南省之分。"至顺二年（1331年），以原中书省址为翰林院，"后于至顺二年七月十九日，中书省奏，奉旨：翰林国史院里有的文书，依旧北省安置，翰林国史官人就那里聚会。繇是北省既为翰林院，尚书省为中书都堂省固矣。"②《大都赋》写作时间为大德二年（1298年），此时尚书省并入中书省，并且省基在城南五云坊东。

枢密院。《析津志辑佚》记载："枢密院，在东华门过御河之东，保大坊南之大御西，莅军政。""枢密院西为玉山馆，玉山馆西北为蓬莱坊、天师宫。""枢密院南转西为宣徽院，院南转西为光禄寺酒坊桥。"据此，枢密院应在宫城东华门之东，保大坊南。

御史台。御史台的位置，根据《析津志辑佚》的记载，先在大都"肃清门之东"，后在"澄清坊东，哈达门第三巷"，"国初至元间，朝议于肃清门之东置台，故有肃清之名。而今之台乃立为翰林国史院，后复以为台。台在澄清坊东，哈达门第三巷。转西有廊房，所口馆西南二台及各道廉访司，官吏攒报一应事迹，谓之台房。"③《钦定日下旧闻考》引《元一统志》也有："澄清坊，地近御史台，取澄清天下之义以名。"④《元一统志》成书于至元二十三年（1286年），早于《大都赋》成文的大德二年（1298年），据此，李洧孙笔下的御史台应位于澄清坊。

---

① ［明］宋濂等：《元史》，卷八十五"百官志"。

② ［元］熊梦祥著、北京图书馆善本组辑：《析津志辑佚》，"中书断事官厅题名记"。

③ ［元］熊梦祥著、北京图书馆善本组辑：《析津志辑佚》，"台谏叙"。

④ ［清］于敏中撰：《钦定日下旧闻考》，卷三十八"京城总纪二"。

  大司农司。据《元史·百官志》记载，大司农司设立于至元七年（1270年），是掌管"农桑、水利、学校、饥荒之事"的职能机构。具体位置见《析津志辑佚》记载："丽春楼，在顺承门内，与庆元楼相对，乃伯颜太师之府第也。今没官，为大司农司楼。今祠佛焉。"① 顺承门是元大都南三门中位于西边的门，其位置在元大都西南角。《析津志辑佚》又有："庆元楼，在顺承门内街西。"② "朝元楼，在顺承门内，近石桥，庆元楼北。"③ 此处的石桥应是指甘石桥，即顺承门内街跨越金水河的重要通道。由此判断庆元楼应在甘石桥南，顺承门内街西，即阜财坊一带。丽春楼（大司农司楼）与庆元楼相对，曾经是伯颜宅第，后为祠佛之处，推测其位置也应在顺承门内街西。因为根据《析津志辑佚》记载："庆寿寺圣容之殿，在顺承门里，近东。"④ 顺承门内街东已有始建于金章宗大定二十六年（1186年）的大庆寿寺。阜财坊西还有大都城隍庙，是留存至今的为数不多的元大都遗址之一（图6.3）。从街道格局推测，大司农司应在城隍庙的东北。下文进一步结合"象天法地"的规划理念进行验证。

图6.3　元大都城隍庙遗址公园（徐斌拍摄）

---

① ［元］熊梦祥著、北京图书馆善本组辑：《析津志辑佚》，"古迹"。
② ［元］熊梦祥著、北京图书馆善本组辑：《析津志辑佚》，"古迹"。
③ ［元］熊梦祥著、北京图书馆善本组辑：《析津志辑佚》，"古迹"。
④ ［元］熊梦祥著、北京图书馆善本组辑：《析津志辑佚》，"寺观"。

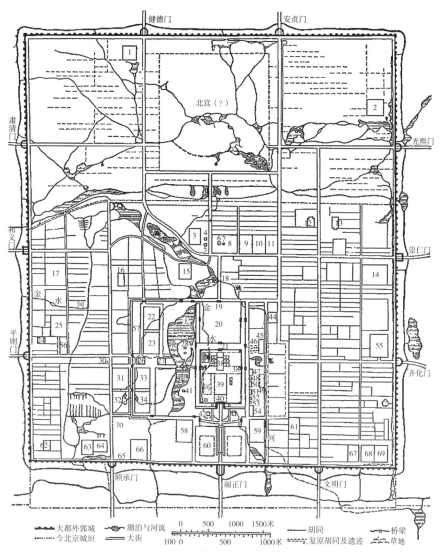

元大都平面复原图

1.健德库　2.光熙库　3.中书北省　4.钟楼　5.鼓楼　6.中心阁　7.中心台　8.大天寿万宁寺　9.倒钞库　10.巡警二院　11.大都路总管府　12.孔庙　13.柏林寺　14.崇仁库　15.尚书省　16.崇国寺　17.和义库　18.万宁桥　19.厚载红门　20.御苑　21.厚载门　22.兴圣宫后苑　23.光圣宫　24.大永福寺　25.社稷坛　26.玄都胜境　27.弘仁寺　28.琼华岛　29.瀛州　30.万松老人塔　31.太子宫　32.西前苑　33.隆福宫　34.隆福宫前苑　35.玉德殿　36.延春阁　37.西华门　38.东华门　39.大明殿　40.崇天门　41.犀山台　42.留守司　43.拱宸堂　44.崇真万寿宫　45.羊圈　46.草场沙滩　47.学士院　48.生料库　49.柴场　50.鞍辔库　51.军器库　52.庖人室　53.牧人室　54.戍卫之室　55.太庙　56.大圣寿万安寺　57.天库　58.云仙台　59.太乙神坛　60.兴国寺　61.中书南省　62都城隍庙　63.刑部　64.顺承库　65.海云、可庵双塔　66.大庆寿寺　67.太史院　68.文库　69.礼部　70.兵部

图6.4　元大都复原图之一（改绘自赵正之：《元大都平面规划复原的研究》）

太庙。根据前引《大都赋》和《析津志辑佚》的记载，太庙位于宫城正东、居震位，为青宫。《析津志辑佚》还载："报恩寺，在齐化门太庙西北，太子影堂在内，俗名方长老寺。"① 齐化门是元大都东面的中间一门，考古判断的太庙位于齐化门内稍北。

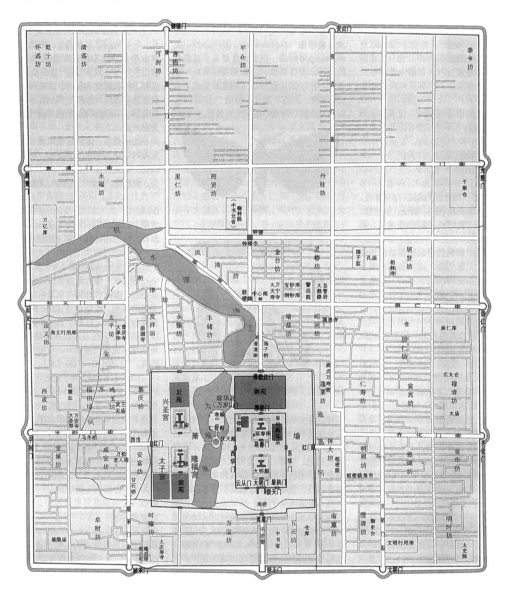

图6.5　元大都复原图之二（采自徐苹芳:《元大都城图》）

① ［元］熊梦祥著、北京图书馆善本组辑:《析津志辑佚》，"寺观"。

天师宫。《析津志辑佚》记载："蓬莱坊，天师宫前。"又有："枢密院西为玉山馆，玉山馆西北为蓬莱坊、天师宫。"① 说明天师宫的位置在蓬莱坊北，枢密院西北。再加上"艮位"的描述，天师宫应位于宫城东北。

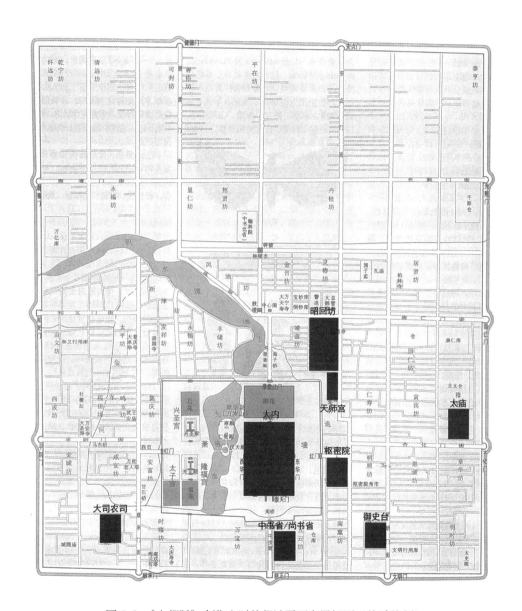

图6.6　《大都赋》创作之时的都城平面布局复原（徐斌绘制）

---

① ［元］熊梦祥著、北京图书馆善本组辑：《析津志辑佚》，"城池街市"。

上述大部分功能区，赵正之、徐苹芳依据文献、考古和历史街道格局，已有非常细致的考证，并分别绘制了元大都规划复原平面（图6.4、6.5）。本文以此二图为基础，补充大司农司的位置，并依据上文的判断，复原《大都赋》创作之时的都城布局（图6.6）。

第五节　元大都的象天法地规划模式

在获得《大都赋》创作之时的天文复原图和都城平面布局复原图之后，按照《大都赋》和《析津志辑佚》的描述，比对二者，探究元大都"象天法地"的规划思想和具体方法。

首先，从"上法微垣，屹峙禁城""仿紫极而建庭""以城制地，分纪于紫微垣之次""置居都堂于紫微垣"四句，可以判断紫微垣对应大内。这种以朝宫对应天极的做法由来已久，可以追溯到秦咸阳、汉长安的规划，是"象天法地"规划中最常用的意象。"二十八宿环北辰"，元大内作为天子行使权力的空间，是当之无愧的天极。

其次，判断魁躔（斗魁）、斗杓、鹑火的对应建筑。文献在涉及三者时使用了具有方位指示性的描述。一句是"太庙，在震位，即青宫。天师宫，在艮位鬼户上"。按照后天八卦方位，震位在东，艮位在东北，这与太庙居于大内正东，而天师宫居于大内东北的布局是一致的。另一句是"掇斗杓之嵂嵘，对鹑火之炜煌"。从天文复原图上可以看到，大德二年岁首黄昏，斗柄指南，而鹑火之次在东。但斗杓、鹑火究竟对应地面上的什么建筑，《大都赋》没有明载，还需进一步分析。《大都赋》中另有一句话涉及北斗，即"枢府协乎魁躔"。相对应地，《析津志辑佚》有"枢密院在武曲星之次"。两句话表达了同样的意思，都是以北斗斗魁对应枢密院。从都城复原图来看，枢密院位于大内之东稍偏南，与斗魁位于紫微垣东稍偏南相对应。从斗魁对应枢密院成立，可以推断，斗杓应指中书省，而鹑火则象征太庙。

接下来，取"霜台媲乎执法"和"御史台在左右执法天门上"两句进行验证。

执法二星位于太微垣最南端，此时应在紫微垣东南，这与御史台位于大内东南的方位一致。

再来看"农司符乎天田"一句。前文判断大司农司应位于大都城隍庙的位置，即大内西南。天文图中有两个"天田"，一个是角宿天田，在大内东南；另一个是牛宿天田，在大内西南。按照天地对应的原则，象征大司农司的天田应指牛宿天田。

最后来看"道高梁而北汇，堰金水而南萦。俨银汉之昭回，抵阁道而经大陵"和"东浚白浮，遵彼西山，即是天津，流毕昴间。西抱紫宫，南出皇畿，又东注海，万派攸归"两句，很明显是以高梁河—金水河水系象征银汉二支。从天文复原图看，银汉呈现为环抱紫微垣的走势，恰好与两水左右环抱大内的态势相同。同前文的斗杓、鹑火一样，阁道、大陵所对应的地面建筑，并没有明确记载。从天文复原图来看，阁道、大陵都是浮于银汉之上的星宿，象征跨越水面的桥梁、道路。按照天地对应的原则，从都城复原图来看，阁道可能指跨越太液池的万岁山东桥，是连接大内与广寒殿两个重要功能区的通道；大陵可能指海子东侧、跨越金水河的海子桥，是联系大内与北面中心台、钟鼓楼地区的重要通道。海子东侧曾是元大都的码头、仓库区，与前述《宋史·天文志》中大陵的含义相似（图6.7）。

还剩下"都省应乎上台"一句。"都省"应指中书省或尚书省，根据上文的分析，此时尚书省已并入中书省，并且迁至大内南面的五云坊东，对应天文复原图中斗杓所指方位，即"掇斗杓之嵘嵘"。而此时天文图中的上台二星，位于大内之东，无法确定与之对应的地面建筑。但从《析津志辑佚》中，发现了御史台包含"三台"的记载，为进一步解释"上台"的对应建筑留下了空间：

> 而我世祖皇帝建国以来，于至元五年七月诏立御史台，定台纲三十六条。三台立而海宇清肃，凡吏之诶身不正者，罔不自励，以密赞治道为心。兼累朝备降诏旨，作新风宪，可谓任重道远矣。乃作台谏志①。

从上文的分析还可以看出，天文复原图和都城复原图的对应，主要体现在"方

---

① ［元］熊梦祥著、北京图书馆善本组辑：《析津志辑佚》，"台谏叙"。

位"层面，这与《大都赋》和《析津志》将"方位"作为元大都规划布局的重点是相符合的。

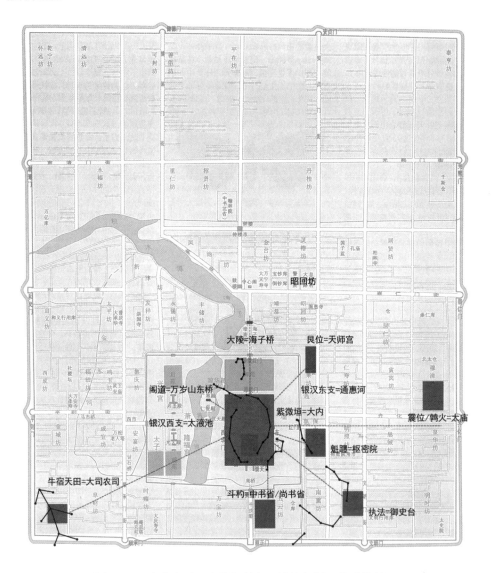

图6.7   元大都注重"方位"的象天法地规划（徐斌绘制）

第六节   元大内象天法地规划的另一种模式

单就宫城部分来看，元大内规划还存在与太微垣各门在名称和方位上的对应。

传刘秉忠所撰《平砂玉尺经》记载：

太微宫垣十星，在翼轸北。天子之宫庭，五帝之坐，十二诸侯之府。其外藩九卿也。南藩中二星间曰端门。东门一星为左执法，廷尉之象，第二星为上相，第三星为次相，第四星为次将，第五星为上将。西门一星为右执法，御史大夫之象。执法，所以举错贤奸也。第二星为上将，第三星为次将，第四星为次相，第五星为上相。左执法、上相之间曰左掖门，上相、次相间曰东华门，次相、次将间曰中华门，次将、上将间曰太阳门。右执法、上将之间曰右掖门，上将、次将间曰西华门，次将、次相间曰中华门，次相、上相间曰太阴门①。

此书附有"太微垣天星之图"和"太微垣地形之图"两图（图6.8）。从图上来看，太微垣南垣有三门，正中为太微端门，其东为左掖门，其西为右掖门；西垣也有三门，从南往北是西太阳门、中华西门、西太阴门；东垣还是三门，从南往北为东太阴门、中华东门、东太阳门；北面无门，但有高台状的郎位。

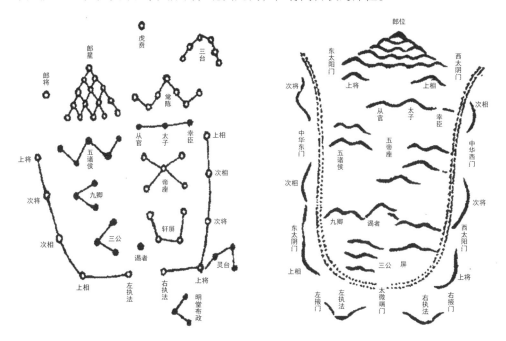

图6.8　太微垣天星之图（左图）和太微垣地形之图（右图）
（改绘自［元］刘秉忠：《新刻石函平砂玉尺经》）

---

① ［元］刘秉忠述：《新刻石函平砂玉尺经》。

对比元大内诸门可以发现，太微端门、左掖门、右掖门、中华西门、西太阳门、西太阴门、中华东门、东太阴门、东太阳门与元大内南三门、西三门和东三门的方位和名称相对应。太微垣北的高台状郎位，也与元大内北门厚载门上有高台的记载相吻合（图6.9）。其整体态势正如黄文仲《大都赋》所载："前则五门骈启，双阙对耸，灵兽翔题而若飞，怒猊负柱而欲动。东华西华翼其傍，左掖右掖夹而拱。开厚载以北巡，迤逦乎行在之供奉。"①

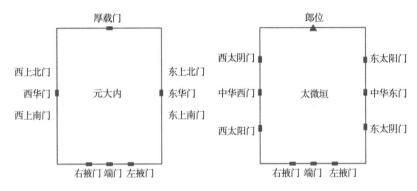

图6.9　元大内与太微垣各门在方位和名称上的对应（徐斌绘制）

第七节　本章小结

本章依据李洧孙《大都赋》和熊梦祥《析津志》的记载，尝试解析元大都"象天法地"规划的思想和方法。首先，通过文献判读，确定两文记载的元大都"象天法地"规划模式相同，为综合利用材料，探讨同一空间模式下天地对应的规划方法提供了可能。其次，针对《元史·天文志》不记载周天星宿、并且没有传世元代天文图的情况，利用《宋史·天文志》和《新唐书·天文志》，明晰两篇文献涉及的星宿；再使用天文复原软件Stellarium，精确复原《大都赋》创作之时（大德二年岁首黄昏）的星空布局。再次，针对元大都主要功能区屡次迁移的情况，依据文献判断

---

① ［元］周南瑞：《天下同文集》，卷十六，载《钦定四库全书·集部》，文渊阁本。

《大都赋》创作之时主要功能区的位置，并在前人研究基础上，补充最新考古材料，复原《大都赋》创作之时的都城空间布局。最后，依据天文复原图和都城复原图的空间模式，逐一解读各星宿与地面建筑的对应，揭示了元大都重视"方位"的"象天法地"建城意境和谋求"天地对应"的空间秩序。

总体来看，复原的结果比较理想。《大都赋》和《析津志》总共涉及十二处星宿与地面建筑的对应，除了"都省应乎上台"一句尚需讨论之外，其余十一处都较好地符合了文献的记载。特别是大司农司的位置，考古并未提供任何依据，而文献与天田星宿的位置，都指向元大都西南角一带，为判断大司农司的所在提供了新的依据。天地对应的解读，不仅明确了《大都赋》中一些星宿或天文术语的所指，也揭示了元大都主要功能区的天文意象。

值得注意的是，《大都赋》中除了上述十二处"象天法地"的功能区外，还明确提到了詹事院、宣政院、卫尉院、宣徽署、泉府署、将作署、六尚女官、太史院、集贤院、军器监、太常寺、翰林国史院等官署建筑①，这些建筑的规划布局，是否存在"象天法地"的规划思想，与之对应的又是哪些星宿，都有待进一步开展研究。

研究同时发现，元大内尺度还存在独立的"象天法地"规划模式，并与元大都尺度的规划模式不一致。可能的解释或许有二：其一，元大内规划很大程度上承袭了金中都宫城制度，并可上溯至北宋汴梁。宫城各门的方位和名称，也并非元大内首创，均继承自金中都。这种以宫城法象太微垣的做法，究竟是巧合，还是有其渊源，还需进一步研究加以甄别。其二，秦咸阳和汉长安的规划研究，揭示出"象天法地"模式随都城扩张和中心变迁而演变。元大都的"象天法地"规划是否也经历了类似变化？即在规划之初，以元大内象征太微垣，中心地区象征紫微垣，而在都城大规模建成后，根据地上建筑的功能和地位又进行了调整，出现以宫城象征紫微垣的规划意象？这一问题需要结合元大都各功能区的建成和使用时间，开展更加细致的研究。

---

① ［清］于敏中撰：《钦定日下旧闻考》，卷六"李洧孙《大都赋》并序"载："詹事、宣政、卫尉之院，错峙而鼎列；宣徽、泉府、将作之署，綦布而珠连。玉堂则两制擅美，丹屏则六尚总权，艺苑则秘府史局，俊林则昭文集贤。武备多军需，兵戎之篦；奉常胄闱，礼乐之原。大府都水之分其任，章佩利用之布其员。医院以精方剂，清台以察璇玑。拱卫、侍卫以严周庐，群牧、尚牧以阜天闲。仓庾积畜之重，库藏出纳之烦，职崇卑而并举，才细大而不捐。"

第七章 结 语

    元大内的规划复原研究，自 20 世纪 30 年代开始，迄今已有九十余年历史。对于一个研究领域来说，称得上发展缓慢。原因何在？历史文献的先天不足及考古发掘的受限，导致复原工作没有足够的材料支撑，难以推进。每一次新的突破，都源于新材料和新方法的涌现。营造学社成立之初，通过对历史文献的挖掘，在"纸面"上复原出了元大内的平面布局，但由于文献本身不能统一，在尺度、轴线、布局等方面都存在争议。20 世纪 60 年代开始，为了配合北京地铁二号线工程，中国科学院考古研究所和北京市文物工作队共同成立了元大都遗址考古队，先后对元大都的城垣、街道、河湖水系等进行勘察，发掘了多处元代建筑、水工遗址，获取了一批新的考古材料，有效推进了学界对元大都规划布局的认识。推翻了元大内中轴线位于明清故宫中轴线之西的观点，运用"历史街巷比较"的方法识别出了多处元大都主要功能区。由于考古工作并不涉及元大内建筑，这一时期的研究只明确了元大内的南北边界，对其规划布局的认识仍停留在上一阶段。建筑学领域也有积极的推进，一方面通过"模数制"的方法，揭示出元大都和元大内在设计中的比例关系；另一方面则参考元代官式建筑作法，提出了元大内核心建筑群的复原方案。但最初的问题并没有得到解决：缺乏考古实证材料，元大内的规划复原方案始终无法得到验证。

    另一方面，自 20 世纪 90 年代开始，故宫博物院古建部在建筑基础勘察和地下管线施工中，持续发现元代和明初建筑遗址，但这些材料并没有在元大内规划复原研究领域被认识和利用。直到 2014 年考古研究所（后更名为考古部）成立，配合工程建设，发掘了一系列元代建筑遗址和夯筑于生土层上的明初建筑遗址，并组织了多场专家论证会，这些有价值的材料才为学界所识。这标志着元大内规划复原研究迎来了新的发展契机。这些材料，为复原元大内历史地形和水系、精准定位元大内各宫殿建筑、厘清元大内规划布局提供了可能。笔者于 2015 年进入故宫博物院工作，有机会实地考察并亲身参与了院内元、明建筑遗址的考古发掘和论证，广泛搜集了相关文献、古建、考古、图像资料，先后调研了元上都、元中都、明中都、明南京等都城遗址，主持并完成了元大都和元大内相关的两个国家课题，形成了本书的主要内容。

本书并非采用历史的叙事方式，对元大内规划进行全面的解读。而是以问题为导向，试图通过新、老材料的相互印证，对元大内规划复原研究中长期悬置的问题作出令人信服的解答。首先，对元大都相关的基础材料和研究现状进行整体回顾，为元大内规划复原研究建立更长时间和更广空间的坐标；其次，综合利用故宫古建、考古新材料，结合文献和前后时期宫城形制，提出新的元大内规划复原方案；第三，在复原平面的基础上，进一步从工具和技术层面，探讨元大内规划的生成逻辑，揭示出元大都规划在都城、宫城、核心建筑群等不同尺度的空间同构；第四，针对元明宫城叠压的特征，还原了从元大内到明北京宫殿的空间演变过程，对永乐西宫这一重要阶段作细致的考察；最后，针对历史文献关于元大都各功能区象天法地的记载，通过天文、地理的复原，揭示其象天法地的意象和建构手法。

总的来说，本书的研究还存在以下方面的不足，可视作下一步的研究方向和可能的突破点。

一为基础材料和研究现状部分：囿于语言能力，主要基于中文材料对元大都规划复原研究的现状进行回顾和总结。蒙元政权地跨欧亚，疆域广阔，与欧洲、中亚、阿拉伯、东南亚、东北亚等地区都建立了密切的文化交往。遗存在这些地区的多种语言的历史文献，是未来探寻元大都规划复原研究的新材料的宝库。

二为元大内的规划复原部分：在复原过程中，仅使用了《辍耕录》中关于元大内宫殿的长宽数据。下一步，还可以依据各宫殿的高度、样式、色彩等数据，结合元代建筑法式研究，建立元大内宫殿的复原模型，更加直观地展示元大内的规划布局和建筑形式。同时，《辍耕录》中还有关于元西内隆福宫和兴圣宫的详细数据，显示其规划布局与大明殿—延春阁建筑群同构。未来可以依此复原隆福宫和兴圣宫的整体布局和单体建筑，并以此校核大明殿—延春阁建筑群的复原结果。在完成以上两部分工作后，对元皇城的规划和建筑将形成了比较清晰的认识。元大内的规划复原，还可以为元大都的中心地区——中心台、中心阁、中书省、钟鼓楼等的复原提供依据。元大内及其北面的中心地区，是元大都规划的两个重点地区。从功能上来看，元大内代表皇权，中书省总领政务，是帝国权力的两个核心。在明确元大内规划的基础上，可进一步明晰中心地区各功能区的位置和布局，为元大都的整体复原提供新的思路。

三为元大内的规划生成部分：作为元大都的总规划师，刘秉忠的思想和知识体系是探究元大内规划的有效途径。《元史》记载："秉忠于书无所不读，尤邃于《易》及邵氏《经世书》，至于天文、地理、律历、三式六壬遁甲之属，无不精通，论天下事如指诸掌。"[①] 本章主要讨论了"地理"方面的内容，未来还可从"周易"等角度深化对元大内规划的认识。元大内的规划模式显示出对北宋汴梁、金中都宫城制度的继承。而据文献记载，明中都规划"斟酌元制"，明南京规划"循临濠（即中都）之制"，明北京规划"弘敞过于南京"。明三都宫城对元大内规划的继承和创新，值得探究，据其成果还可进一步优化元大内的规划复原。

四为从元大内到明北京宫殿部分：元明之际宫殿的时空变迁，是北京城市历史研究的一个重大问题。这一时段，既是明北京的营建之始，对厘清燕王府、西宫等明北京宫殿的前身具有重要意义，又能反观元大内的最终格局，为推进元大都的规划复原提供证据。本章依据文献，对长期争议不下的燕王府、西宫的位置问题，给出了答案，进而以西宫为例，展示了综合运用故宫博物院材料开展都城复原研究的方法，探讨了"由明入元"推进元大内规划复原的路径。这提示我们可以用相似的办法，考察元大内规划之初的情况，如元大都（元大内）的轴线偏角，一直存在争议，如能确定辽南京、金中都的轴线择定原因，或可对这一问题形成新的认识。

五为元大都的象天法地规划部分：本章依据《大都赋》和《析津志》的记载，解析元大都的象天法地规划，显示在元大都和元大内层面，存在两个不同的象天法地规划模式。需要指出的是，《大都赋》的著述时间比元大都的始建时间晚了三十一年。李洧孙对元大都"象天法地"规划理念的解读，可能与刘秉忠规划之初的构想有所出入。这一时期，元大都的一些功能区屡次迁移，也可能是造成这一差别的原

---

① ［明］宋濂等：《元史》，卷一五七。

因。遗憾的是，目前还未发现早于《大都赋》的关于元大都象天法地规划的文献，因此，刘秉忠规划之初的设想究竟如何，还需等待新材料的涌现才能被重新挖掘。两个象天法地模式的形成原因，也还需结合元大都各功能区的建成和使用时间，开展更加细致的研究。

元大内规划复原研究，其路漫漫！希望有更多学者关注和投入这一领域，在元大内规划复原研究百年之际，取得更加丰富的成果。

参考文献

一 古 籍

[战国] 吕不韦著，张双棣等译注：《吕氏春秋》，北京：中华书局，2011 年。

[西汉] 刘安著：陈广忠译注：《淮南子》，北京：中华书局，2012 年。

[北宋] 欧阳修等：《新唐书》，北京：中华书局，1975 年。

[北宋] 李诫撰，故宫博物院编：《故宫博物院藏清初影宋钞本营造法式》，北京：故宫出版社，2017 年。

[南宋~元] 陈元靓：《事林广记》，北京：中华书局，1963 年。

[南宋~元] 汪元量著，孔凡礼编：《增订湖山类稿》，北京：中华书局，1984 年。

[元] 孛兰肹等著，赵万里校辑：《元一统志》，北京：中华书局，1966 年。

[元] 不著撰人，陈高华等校点：《元典章》，北京：中华书局，2011 年。

[元] 郝经著，杨讷编：《陵川集》，北京：中华书局，2014 年。

[元] 柯九思等著：《辽金元宫词》，北京：北京古籍出版社，1988 年。

[元] 刘秉忠述：《新刻石函平砂玉尺经》，海口：海南出版社，2003 年。

[元] 刘秉忠撰，李昕太等点注：《藏春集点注》，石家庄：花山文艺出版社，1993 年。

[元] 陶宗仪：《南村辍耕录》，北京：中华书局，1959 年。

[元] 陶宗仪：《说郛三种》，上海：上海古籍出版社，2012 年。

[元] 脱脱等：《宋史》，北京：中华书局，1977 年。

[元] 苏天爵：《元朝名臣事略》，北京：中华书局，1996 年。

[元] 苏天爵：《元文类》，上海：商务印书馆，1936 年。

[元] 王士点：《营造经典集成（第四辑）：禁扁》，北京：中国建筑工业出版社，2010 年。

[元] 王恽著，杨讷编：《秋涧集》，北京：中华书局，2014 年。

[元] 熊梦祥著，北京图书馆善本组辑：《析津志辑佚》，北京：北京古籍出版社，1983 年。

[元] 熊梦祥著，徐苹芳整理：《辑本析津志》，北京：北京联合出版公司，2017 年。

［元］姚燧著，杨讷编：《牧庵集》，北京：中华书局，2014 年。

［元］虞集：《道园学古录》，上海：商务印书馆，1937 年。

［元］张养浩：《归田类稿》，载《钦定四库全书·集部》，文渊阁本。

［元］张昱：《可闲老人集》，载《钦定四库全书·集部》，文渊阁本。

［元］赵孟頫：《松雪斋集》，杭州：西泠印社出版社，2010 年。

［元］周南瑞：《天下同文集》，载《钦定四库全书·集部》，文渊阁本。

［明］不著撰人：《北平考》，北京：北京出版社，1963 年。

［明］不著撰人：《明实录》，台北：历史语言研究所，1962 年。

［明］蒋一葵：《长安客话》，北京：北京古籍出版社，1994 年。

［明］李东阳等：《大明会典》，扬州：广陵书社，2007 年。

［明］李贤等著，方志远等点校：《大明一统志》，成都：巴蜀书社，2018 年。

［明］刘若愚：《酌中志》，北京：北京古籍出版社，2000 年。

［明］刘侗、于弈正：《帝京景物略》，北京：北京古籍出版社，2000 年。

［明］吕毖辑：《明宫史》，北京：北京古籍出版社，1980 年。

［明］沈榜：《宛署杂记》，北京：北京古籍出版社，1982 年。

［明］沈德符：《万历野获编》，北京：中华书局，1959 年。

［明］宋濂等：《元史》，北京：中华书局，1976 年。

［明］宋濂等：《文宪集》，吉林：吉林出版集团，2005 年。

［明］王世贞：《弇山堂别集》，上海：上海古籍出版社，2017 年。

［明］萧洵：《故宫遗录》，北京：北京出版社，1963 年。

［明］解缙编：《永乐大典》，北京：中华书局，1982 年。

［明］严嵩：《钤山堂集》，明嘉靖二十四年刻增修本。

［明］杨士奇：《东里续集》，载《钦定四库全书·集部》，文渊阁本。

［明］叶盛：《水东日记》，清康熙刻本。

［明］藏懋循编：《元曲选》，杭州：浙江古籍出版社，1998 年。

［明］张爵：《京师五城坊巷胡同集》，北京：北京古籍出版社，1982 年。

［明］郑真：《荥阳外史集》，上海：上海古籍出版社，1991 年。

［明］朱有燉著，傅乐淑注：《元宫词百章笺注》，北京：书目文献出版社，1995 年。

［明］朱国祯：《涌幢小品》，北京：中华书局，1959 年。

［清］查继佐：《罪惟录》，杭州：浙江古籍出版社，1986 年。

［清］谷应泰：《明史纪事本末》，上海：上海古籍出版社，1994 年。

［清］顾嗣立编：《元诗选》，清文渊阁四库全书本。

［清］嵇曾筠监修：《浙江通志》，上海：商务印书馆，1934 年。

［清］蒋平阶辑，李峰整理：《水龙经》，海口：海南出版社，2003 年。

［清］龙文彬：《明会要》，北京：中华书局，1956 年。

［清］孙承泽著、王剑英点校：《春明梦余录》，北京：北京出版社，2018 年。

［清］孙承泽：《天府广记》，北京：北京古籍出版社，1984 年。

［清］吴长元辑：《宸垣识略》，北京：北京出版社，2015 年。

［清］于敏中等编撰：《钦定日下旧闻考》，北京：北京古籍出版社，1985 年。

［清］张廷玉等：《明史》，北京，中华书局，1974 年。

［清］周家楣、缪荃孙等编纂：《光绪顺天府志》，北京：北京出版社，2015 年。

二　论　著

北京市文物研究所编：《北京考古四十年》，北京：北京燕山出版社，1990 年。

［前苏联］C. B. 吉谢列夫著，孙危译：《古代蒙古城市》，北京：商务印书馆，2016 年。

陈得芝：《蒙元史研究导论》，南京：南京大学出版社，2012 年。

陈筱：《中国古代的理想城市：从古代都城看〈考工记〉营国制度的渊源与实践》，上海，上海古籍出版社，2021 年。

陈高华、史卫民：《元代大都上都研究》，北京：中国人民大学出版社，2010 年。

陈学霖：《史林漫识》，北京：中国友谊出版公司，2001 年。

［日］渡边健哉：《元大都形成史的研究：首都北京的原型》，仙台：东北大学出版会，2017 年。

傅熹年：《中国古代城市规划、建筑群布局及建筑设计方法研究》，北京：中国建筑工业出版社，2001 年。

傅熹年：《中国科学技术史（建筑卷）》，北京：科学出版社，2008 年。

郭超：《北京中轴线变迁研究》，北京：学苑出版社，2012 年。

郭超：《元大都的规划与复原》，北京：中华书局，2016 年。

郭湖生：《中华古都》，北京：中国建筑工业出版社，2021 年。

河北省文物研究所编著：《元中都：1998 ~ 2003 年发掘报告》，北京：文物出版社，2012 年。

何高济译：《海屯行纪·鄂多立克东游录·沙哈鲁遣使中国记》，北京：中华书局，2002 年。

贺业钜：《考工记营国制度研究》，北京：中国建筑工业出版社，1985 年。

贺业钜：《中国古代城市规划史》，北京：中国建筑工业出版社，1996 年。

侯仁之主编：《北京城市历史地理》，北京：北京燕山出版社，2000 年。

侯仁之、岳升阳：《北京宣南历史地图集》，北京：学苑出版社，2005 年。

侯仁之著，邓辉、申雨平、毛怡译：《北平历史地理》，北京：外语教学与研究出版社，2014 年。

［美］黄仁宇：《明代的漕运》，北京：新星出版社，2005 年。

［波斯］拉施特编，余大钧、周建奇译：《史集》，北京：商务印书馆，2009 年。

李燮平：《明代北京都城营建丛考》，北京：紫禁城出版社，2006 年。

李治安：《忽必烈传》，北京：人民出版社，2004 年。

林梅村：《大朝春秋——蒙元考古与艺术》，北京：故宫出版社，2013 年。

李纬文：《隐没的皇城：北京元明皇城的建筑与生活图景》，文化艺术出版社，2022 年。

刘庆柱主编：《中国古代都城考古发现与研究（上、下）》，北京：社会科学文献出版社，2016 年。

［意］马可·波罗著，［法］沙海昂注，冯承钧译：《马可波罗行纪》，北京：商务印书馆，2012 年。

孟凡人：《宋代至清代都城形制布局研究》，北京：中国社会科学出版社，2019 年。

潘鼐：《中国古天文图录》，上海：上海科技教育出版社，2009 年。

单士元：《明北京宫苑图考》，北京：紫禁城出版社，2009 年。

沈方、张富强：《景山——皇城宫苑》，北京：中国档案出版社，2009 年。

万依：《故宫辞典》，北京：故宫出版社，2016 年。

王灿炽：《燕都古籍考》，北京：京华出版社，1995 年。

王贵祥等编著：《中国古代建筑基址规模研究》，北京：中国建筑工业出版社，2008 年。

王剑英：《明中都》，北京：中华书局，1992 年。

王剑英：《明中都研究》，北京：中国青年出版社，2005 年。

王南：《规矩方圆，天地之和——中国古代都城、建筑群与单体建筑之构图比例研究》，北京：中国建筑工业出版社，2019 年。

王培华：《元明北京建都与粮食供应：略论元明人们的认识和实践》，北京：文津出版社，2005 年。

王璞子：《梓业集》，北京：紫禁城出版社，2007 年。

王子林：《紫禁城建筑之道》，北京：故宫出版社，2019 年。

魏坚、内蒙古自治区文物考古研究所、中国人民大学北方民族考古研究所：《元上都》，北京：中国大百科全书出版社，2008 年。

吴庆洲：《建筑哲理、意匠与文化》，北京：中国建筑工业出版社，2005 年。

武廷海：《规画：中国空间规画与人居营建》，北京：中国城市出版社，2021 年。

徐苹芳编著：《明清北京城图》，北京：地图出版社，1986 年。

徐苹芳：《中国城市考古学论集》，上海：上海古籍出版社，2015 年。

徐正英、常佩雨译注：《周礼》，北京：中华书局，2014 年。

杨国庆、王志高：《南京城墙志》，南京：凤凰出版社，2008 年。

杨宽：《中国古代都城制度史研究》，上海：上海古籍出版社，1993年。

杨讷编：《元史研究资料汇编》，北京：中华书局，2014年。

杨新华主编：《南京明故宫》，南京：南京出版社，2009年。

余大钧译注：《蒙古秘史》，石家庄：河北人民出版社，2001年。

于杰、于光度：《金中都》，北京：北京出版社，1989年。

［英］约翰·曼著，陈一鸣译：《元上都：马可·波罗以及欧洲对东方的发现》，呼和浩特：内蒙古人民出版社，2014年。

岳升阳主编：《侯仁之与北京地图》，北京：北京科学技术出版社，2012年。

张培瑜：《三千五百年历日天象》，郑州：河南教育出版社，1990年。

张文芳、王大方：《走进元上都》，呼和浩特：内蒙古大学出版社，2005年。

张一指：《恭王府风水大观》，北京：新星出版社，2012年。

张元济编：《四部丛刊》，上海：商务印书馆，1919年。

赵其昌编：《明实录北京史料》，北京：北京出版社，2018年。

中国国家图书馆、测绘出版社编著：《北京古地图集》，北京：测绘出版社，2010年。

中国社会科学院考古研究所编著：《中国古代天文文物图集》，北京：文物出版社，1980年。

中国紫禁城学会：《明代宫廷建筑大事史料长编·洪武建文朝卷》，北京：故宫出版社，2012年。

中国紫禁城学会：《明代宫廷建筑大事史料长编·永乐洪熙宣德朝卷》，北京：故宫出版社，2018年。

中国紫禁城学会：《明代宫廷建筑大事史料长编·正统景泰天顺朝卷》，北京：故宫出版社，2020年。

朱偰：《元大都宫殿图考》，上海：商务印书馆，1936年。

朱偰：《北京宫苑图考》，郑州：大象出版社，2018年。

三　论　文

白丽娟、王景福：《故宫建筑基础的调查研究》，载于倬云编：《紫禁城建筑研究与保护——故宫博物院建院70周年回顾》，北京：紫禁城出版社，1995年。

白颖：《燕王府位置新考》，《故宫博物院院刊》2008年第2期。

包慕萍：《从游牧文明的视角重探元大都的都市规划——从哈剌和林到元大都》，载浙江省文物考古研究所编：《宁波保国寺大殿建成1000周年学术研讨会暨中国建筑史学分会2013年会论文集》，北京：科学出版社，2013年。

包慕萍：《元大都城市规划再考：皇城位置、钟鼓楼与"胡同制"的关联》，《中国建筑史论汇刊》2014年第2期。

车萍萍：《北京历史文献的辑佚学研究》，首都师范大学（硕士论文），2007年。

陈怀仁：《明初三都规划制度比较》，载郑欣淼编：《中国紫禁城学会论文集（第五辑）》，北京：紫禁城出版社，2007 年。

陈筱：《元中都建筑遗迹的考古调查与复原》，《中国建筑史论汇刊》2014 年第 1 期。

陈筱、孙华：《中国近古新建都城的形态与规划——从元明中都的考古复原和对比分析出发》，《城市规划》2018 年第 8 期。

陈晓虎：《明清北京城墙的布局与构成研究及城垣复原》，北京建筑大学（硕士论文），2015 年。

邓辉、罗潇：《历史时期分布在北京平原上的泉水与湖泊》，《地理科学》2011 年第 11 期。

邓辉：《元大都内部河湖水系的空间分布特点》，《中国历史地理论丛》2012 年第 3 期。

奉宽：《燕京故城考》，《燕京学报》1927 年第 5 期。

傅舒兰：《元大都日文研究综述》，载董卫主编：《城市规划历史与理论04》，南京：东南大学出版社，2019 年。

傅熹年：《元大都大内宫殿的复原研究》，《考古学报》1993 年第 1 期。

故宫博物院古建管理部、北京市勘察设计研究院：《故宫地基基础综合勘察》，载于倬云编：《紫禁城建筑研究与保护——故宫博物院建院 70 周年回顾》，北京：紫禁城出版社，1995 年。

故宫博物院考古研究所：《故宫南大库瓷片埋藏坑发掘简报》，《故宫博物院院刊》2016 年第 4 期。

贺树德：《明代北京城的营建及其特点》，《北京社会科学》1990 年第 2 期。

侯仁之：《元大都城与明清北京城》，《故宫博物院院刊》1979 年第 3 期。

侯仁之：《试论元大都城的规划设计》，《城市规划》1997 年第 3 期。

黄建军、于希贤：《〈周礼·考工记〉与元大都规划》，《文博》2002 年第 3 期。

姜东成：《元大都城市形态与建筑群基址规模研究》，清华大学（博士论文），2007 年。

姜舜源：《故宫断虹桥为元代周桥考——元大都中轴线新证》，《故宫博物院院刊》1990 年第 4 期。

姜舜源：《元明之际北京宫殿沿革考》，《故宫博物院院刊》1991 年第 4 期。

姜舜源：《紫禁城东朝、东宫建筑的演变》，《故宫博物院院刊》1995 年第 4 期。

姜舜源：《明清北京城风水》，载王春瑜主编：《明史论丛》，北京：中国社会科学出版社，1997 年。

蒋博光：《紫禁城排水与北京城沟渠述略附：清代北京沟渠河道修浚大事记》，载单士元、于倬云编：《中国紫禁城学会论文集（第一辑）》，北京：紫禁城出版社，1997 年。

晋宏逵：《明代北京皇城诸内门考》，《故宫学刊》2016 年第 2 期。

李刚：《近五十年元大都城垣变迁及保存现状调查》，载北京联合大学北京学研究所等编：《北京学研究文集 2006》，北京：同心出版社，2006 年。

李季等：《紫禁城明清建筑遗址 2014 年考古收获》，《故宫博物院科研工作简报》2015 年第 1 期。

李季等：《故宫东城墙基 2014 年考古发掘简报》，《故宫博物院院刊》2016 年第 3 期。

李燮平：《永乐营建北京宫殿探实》，载于倬云编：《紫禁城建筑研究与保护——故宫博物院建院 70 周年回顾》，北京：紫禁城出版社，1995 年。

李燮平：《燕王府所在地考析》，《故宫博物院院刊》1999 年第 1 期。

李新宇：《元代考赋题目及内涵》，《山西大学学报（哲学社会科学版）》2007 年第 2 期。

梁思成：《北京——都市计划的无比杰作》，《新观察》1951 年第 7～8 期。

林梅村：《元大都形制的渊源》，《紫禁城》2007 年第 10 期。

林梅村：《元宫廷石雕艺术源流考（上）》，《紫禁城》2008 年第 6 期。

林梅村：《元宫廷石雕艺术源流考（下）》，《紫禁城》2008 年第 7 期。

林梅村：《元大都的凯旋门——美国纳尔逊·阿金斯艺术博物馆藏元人〈宦迹图〉读画札记》，《上海文博论丛》2011 年第 2 期。

林梅村：《元大都西太乙宫考——北京西城区后英房和后桃园元代遗址出土文物研究》，《博物院》2018 年第 6 期。

林梅村：《元大都南镇国寺考》，《中国文化》2018 年第 2 期。

刘未：《蒙元创建城市的形制与规划》，《边疆考古研究》2015 年第 1 期。

马樱滨：《从理念到实践：论元大都的城市规划与〈周礼·考工记〉之间的关联》，复旦大学（硕士论文），2008 年。

马悦婷、岳升阳等：《汉代至元代北京什刹海成湖的地层证据——以小石碑胡同工地西壁南剖面为例》，《北京大学学报（自然科学版）》2015 年第 3 期。

孟凡人：《明北京皇城和紫禁城的形制布局》，《明史研究》2003 年第 0 期。

欧志培：《北京故宫始建于明永乐十五年》，《故宫博物院院刊》1981 年第 2 期。

潘谷西：《元大都规划并非复古之作——对元大都建城模式的再认识》，载中国紫禁城学会编：《中国紫禁城学会论文集（第二辑）》，北京：中国紫禁城学会，1997 年。

潘鼐：《苏州南宋天文图碑的考释与批判》，《考古学报》1976 年第 1 期。

齐心：《近年来金中都考古的重大发现与研究》，载中国古都学会编：《中国古都研究（第十二辑）——中国古都学会第十二届年会论文集》，太原：山西人民出版社，1994 年。

齐心：《金中都宫、苑考》，载北京市文物研究所编：《北京文物与考古（第六辑）》，北京：民族出版社，2004 年。

单士元：《北京明清故宫的蓝图》，载《建筑史专辑》编辑委员会：《科技史文集（第五辑）》，上海：上海科学技术出版社，1980 年。

单士元：《故宫武英殿浴德堂考》，《故宫博物院院刊》1985 年第 3 期。

单士元：《明代营建北京的四个时期》，载于倬云编：《紫禁城建筑研究与保护——故宫博物院建院 70 周年回顾》，北京：紫禁城出版社，1995 年。

孙晓雯：《元中都营建之原因、过程与影响》，内蒙古大学（硕士论文），2013 年。

王璧文：《元大都城坊考》，《中国营造学社汇刊》1936 年第 3 期。

王璧文：《元大都寺观庙宇建置沿革考》，《中国营造学社汇刊》1937 年第 4 期。

王灿炽：《元大都钟鼓楼考》，《故宫博物院院刊》1985 年第 4 期。

王诚：《紫禁十八槐》，《紫禁城》1980 年第 4 期。

王岗：《元大都在中国历史上的作用和地位》，《北京社会科学》1988 年第 3 期。

王岗：《明成祖与北京城》，《北京社会科学》2008 年第 3 期。

王光尧：《故宫浴德堂浴室建筑文化源头考察——海外考古调查札记（六）》，《故宫博物院院刊》2021 年第 11 期。

王剑英、王红：《论从元大都到明北京的演变和发展——兼析有关记载的失实》，载燕京研究院：《燕京学报（新一期）》，北京：北京大学出版社，1995 年。

王剑英、王红：《论从元大都到明北京宫阙的演变》，载单士元、于倬云编：《中国紫禁城学会论文集（第一辑）》，北京：紫禁城出版社，1997 年。

王璞子：《元大都城平面规划述略》，《故宫博物院院刊》1960 年第 0 期。

王璞子：《燕王府与紫禁城》，《故宫博物院院刊》1979 年第 1 期。

王其亨：《清代样式雷建筑图档中的平格研究——中国传统建筑设计理念与方法的经典范例》，《建筑遗产》2016 年第 1 期。

王世仁：《北京古都中轴线确定之谜》，《北京规划建设》2012 年第 2 期。

王子林：《紫禁城中浴德堂功用的六种可能之左庖右湢说》，《紫禁城》2006 年第 4 期。

王子林：《故宫浴德堂浴室新解》，《紫禁城》2011 年第 11 期。

王子林：《元大内与紫禁城中轴的东移》，《紫禁城》2017 年第 5 期。

吴辑华：《明代海运及运河的研究》，载《台北历史语言研究所专刊》之四十三，1997 年。

武廷海、王学荣、叶亚乐：《元大都城市中轴线研究——兼论中心台与独树将军的位置》，《城市规划》2018 年第 10 期。

武廷海：《〈考工记〉成书年代研究——兼论考工记匠人知识体系》，《装饰》2019 年第 10 期。

席泽宗：《苏州石刻天文图》，《文物参考资料》1958 年第 7 期。

徐华烽：《隆宗门西遗址发现元明清故宫"三叠层"》，《紫禁城》2017 年第 5 期。

徐华烽：《故宫慈宁宫花园东院遗址——揭秘紫禁城"地下宫殿"》，《紫禁城》2017 年第 5 期。

徐海峰：《古桥一隅寻踪迹——断虹桥桥头西南侧考古》，《紫禁城》2017 年第 5 期。

徐海峰、吴伟、赵瑾：《清宫造办处旧址 2020 年考古发掘收获》，《中国文物报》2021 年 7 月 9 日第 8 版。

徐苹芳：《元大都在中国古代都城史上的地位——纪念元大都建城 720 年》，《北京社会科学》1988 年第 1 期。

徐苹芳：《元大都城图》，载中国大百科全书编委会：《中国大百科全书·考古学·元大都遗址》，北京：中国大百科全书出版社，1986 年。

徐苹芳，《元大都枢密院址考》，载《庆祝苏秉琦考古五十五年论文集》编辑组编：《庆祝苏秉琦考古五十五年论文集》，北京：文物出版社，1989 年。

伊世同：《〈步天歌〉星象——中国传承星象的晚期定型》，《株洲工学院学报》2001 年第 1 期。

于希贤：《〈周易〉象数与元大都规划布局》，《故宫博物院院刊》1999 年第 2 期。

岳升阳、孙洪伟、徐海鹏：《国家大剧院工地的金口河遗迹考察》，《北京大学学报（哲学社会科学版）》2002 年第 3 期。

岳升阳、马悦婷：《元大都海子东岸遗迹与大都城中轴线》，《北京社会科学》2014 年第 4 期。

岳升阳、马悦婷等：《古高梁河演变及其与古蓟城的关系》，《古地理学报》2017 年第 4 期。

赵春晓：《以元官尺为探讨条件的元大都空间格局历史研究》，东南大学（博士论文），2020 年。

赵正之：《元大都平面规划复原的研究》，载《建筑史专辑》编辑委员会：《科技史文集（第二辑）》，上海：上海科学技术出版社，1979 年。

中国科学院考古研究所元大都考古队、北京市文物管理处元大都考古队：《元大都的勘查和发掘》，《考古》1972 年第 1 期。

中国科学院考古研究所元大都考古队、北京市文物管理处元大都考古队：《北京后英房元代居住遗址》，《考古》1972 年第 6 期。

中国科学院考古研究所元大都考古队、北京市文物管理处元大都考古队：《北京西绦胡同和后桃园的元代居住遗址》，《考古》1973 年第 5 期。

朱启钤、阚铎：《元大都宫苑图考》，《中国营造学社汇刊》1930 年第 2 期。

附录一　元大内规划复原平面汇总

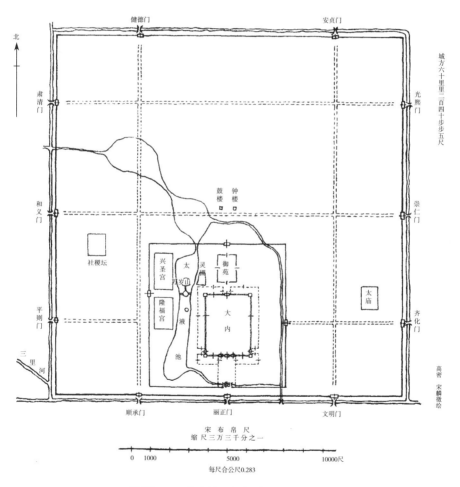

附图1.1　朱启钤、阚铎绘制元大都图

（改绘自朱启钤、阚铎：《元大都宫苑图考》，1930年）

复原的元大内范围与明清故宫完全重合。

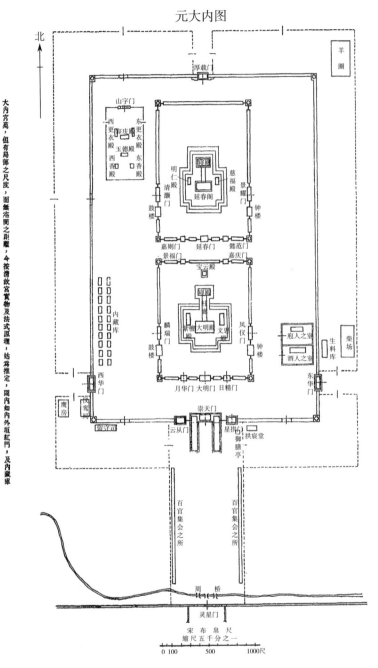

元大内图

宫城周围九里三十步东西四百八十步南北六百十五步

大内宫苑，但有局部之尺度，而无宫阙之距离，今按清故宫实物及法式原理，姑为推定，图内如内外垣红门，及内藏库诸底皆址。元大明殿与清太和殿，尺度全同（东西二百尺，深一百二十尺，）元大明门，奥清太和门，尺度略异，（元清东西均一百四十尺，但元深四十四尺，清深六十尺，）辉卷门外，及其他之隧道，皆从略，玉德殿，陶缘仍皆在清漪外，而又有红门山字门等，非别立院落不可，今推定在大内西北，适为清漪外方。

高密　宋麟徵绘

附图 1.2　朱启铃、阚铎绘制元大内图
（改绘自朱启铃、阚铎：《元大都宫苑图考》，1930 年）
最早的元大内复原平面图，其主要宫殿位置依据明清故宫建筑而定，
如大明门在清太和门处，大明殿在清太和殿处。

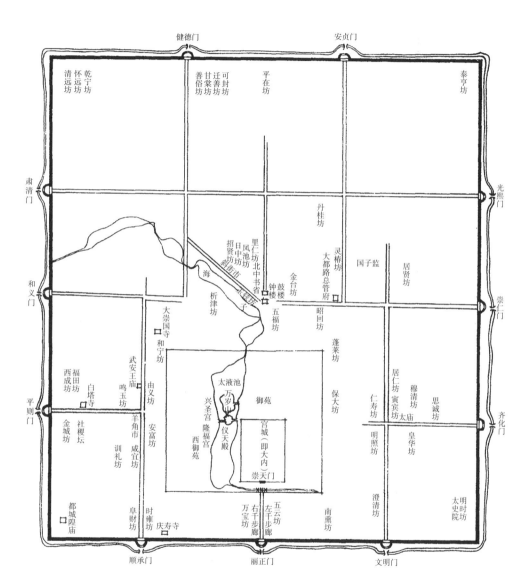

附图 1.3 王璧文绘制元大都城坊宫苑平面配置想象图

（改绘自王璧文：《元大都城坊考》，1936 年）

复原的元大内中轴线与明清故宫中轴线重合。

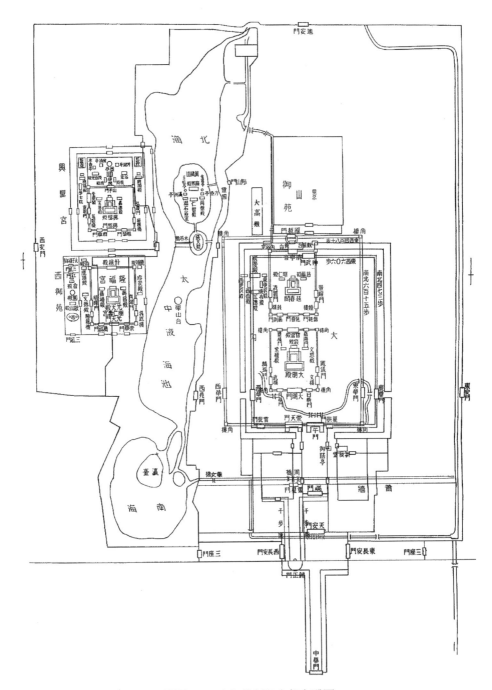

附图 1.4　朱偰绘制元大都宫殿图

（采自朱偰：《元大都宫殿图考》，1936 年）

首次提出元大内中轴线在明清故宫中轴线西侧，范围较明清故宫略偏西北，南界在午门一线，北界在神武门以北。平面布局主要借鉴了朱启钤、阚铎的复原图（见附图 1.2），但调整了主殿后两侧建筑的形式。

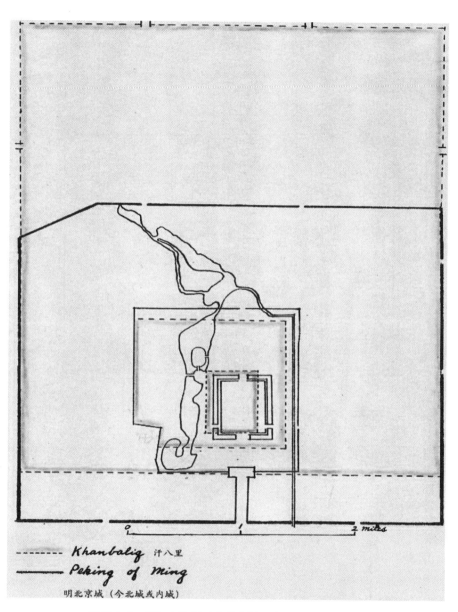

附图 1.5 侯仁之绘制元大都宫城、皇城、外城范围图
（采自侯仁之著，邓辉、申雨平、毛怡译：《北平历史地理》，2014 年）
复原的元大内中轴线在明清故宫中轴线西侧，范围较明清故宫略偏西北。

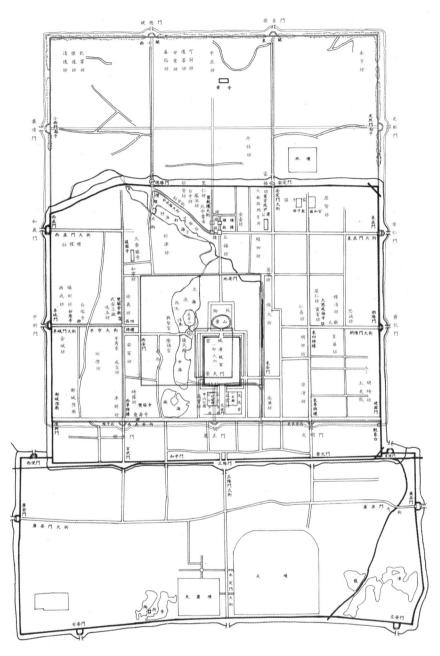

—— 元大都城坊宫苑平面配置想象图

—— 北京市内外城平面略图

附图 1.6　王璞子（王璧文）绘制元大都城坊宫苑平面配置想象图

（采自王璞子：《元大都城平面规划述略》，1960 年）

修改了其早年观点（见附图 1.3），复原的元大内中轴线位于明清故宫中轴线西侧，范围较明清故宫略偏西北，南界在太和门一线，北界在景山南门一线。

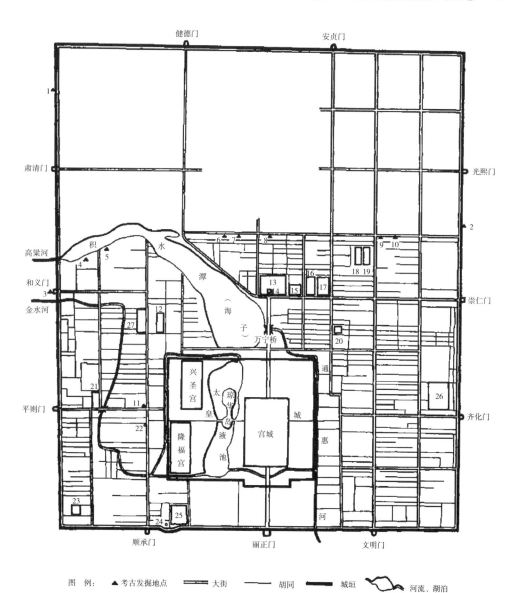

图　例：▲考古发掘地点　▭▭大街　──胡同　▬▬城垣　〰河流、湖泊

1. 学院路水涵洞遗址；2. 转角楼水涵洞遗址；3. 和义门瓮城城门；4. 桦皮厂居住遗址；5. 后英房居住遗址；6. 106 中学居住遗址；7. 旧鼓楼大街豁口西居住遗址；8. 旧鼓楼大街豁口东窖藏；9. 雍和宫后居住遗址；10. 雍和宫豁口东居住遗址；11. 西四石排水渠；12. 崇国寺；13. 大天寿万宁寺；14. 中心阁；15. 倒钞库；16. 巡警二院；17. 大都路总管府；18. 国子监；19. 孔庙；20. 太和宫；21. 大圣寿万安寺（白塔寺）；22. 万松老人塔；23. 城隍庙；24. 海云、可庵双塔；25. 大庆寿寺；26. 太庙；27. 大承华普庆寺。

附图 1.7　元大都考古队绘制元大都示意图

（改绘自中国科学院考古研究所元大都考古队等：《元大都的勘查和发掘》，1972 年）

据考古勘探结果，提出了新的观点，认为元大内中轴线与明清故宫中轴线重合，但范围较明清故宫略偏北。

宫城南界在太和殿一线，北界依据景山寿皇殿元代建筑遗址的发现而择定，

导致宫城南北长度较《辍耕录》数据偏大。

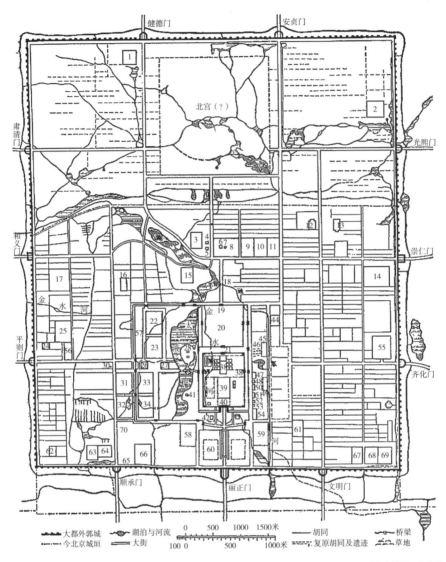

1. 健德库 2. 光熙库 3. 中书北省 4. 钟楼 5. 鼓楼 6. 中心阁 7. 中心台 8. 大天寿万宁寺 9. 倒钞库 10. 巡警二院 11. 大都路总管府 12. 孔庙
13. 柏林寺 14. 崇仁库 15. 尚书省 16. 崇国寺 17. 和义库 18. 万宁桥 19. 厚载红门 20. 御苑 21. 厚载门 22. 兴圣宫后苑 23. 兴圣宫 24. 大永福寺
25. 社稷坛 26. 玄都胜境 27. 弘仁寺 28. 琼华岛 29. 瀛洲 30. 万松老人塔 31. 太子宫 32. 西前苑 33. 隆福宫 34. 隆福宫前苑 35. 玉德殿 36. 延春阁
37. 西华门 38. 东华门 39. 大明殿 40. 崇天门 41. 堰山台 42. 留守司 43. 拱宸堂 44. 崇真万寿宫 45. 羊圈 46. 草场沙滩 47. 学士院
48. 生料库 49. 柴场 50. 鞍辔库 51. 军器库 52. 庖人室 53. 牧人室 54. 戍卫之室 55. 太庙 56. 大圣寿万安寺 57. 天库 58. 云仙台 59. 太乙神坛
60. 兴国寺 61. 中书南省 62. 都城隍庙 63. 邢省 64. 顺承库 65. 海云、可庵双塔 66. 大庆寿寺 67. 太史院 68. 文明库 69. 礼部 70. 兵部

附图 1.8 赵正之绘制元大都平面复原图
（改绘自赵正之：《元大都平面规划复原的研究》，1979 年）
复原的元大内中轴线与明清故宫中轴线重合，范围较明清故宫略偏北，
南界在太和殿一线，北界在陟山门东西一线以南五十步。
宫城长宽符合《辍耕录》所载数据，主要宫殿的位置及延春阁建筑群两侧东西六宫的形式均参考明清故宫。

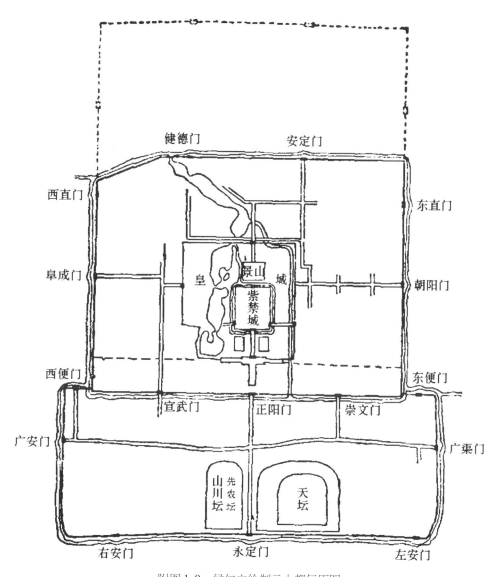

附图 1.9　侯仁之绘制元大都复原图
（改绘自侯仁之：《元大都城与明清北京城》，1979 年）

修改了个人早年观点（见附图 1.5），复原的元大内中轴线与明清故宫中轴线重合。

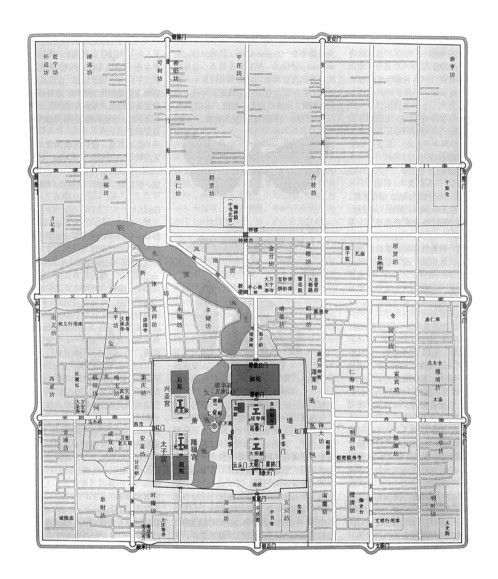

附图 1.10　徐苹芳绘制元大都城图

（采自徐苹芳：《元大都城图》，1986 年）

复原的元大内中轴线与明清故宫中轴线重合，范围较明清故宫略偏北。

在元大都考古队复原图（见附图 1.7）和赵正之复原图（见附图 1.8）的基础上，细化了宫城内部的宫殿布局，增加了宫城以北御苑的范围。此图被收入《中国大百科全书·考古学·元大都遗址》条，是目前使用最为广泛的元大都复原图。

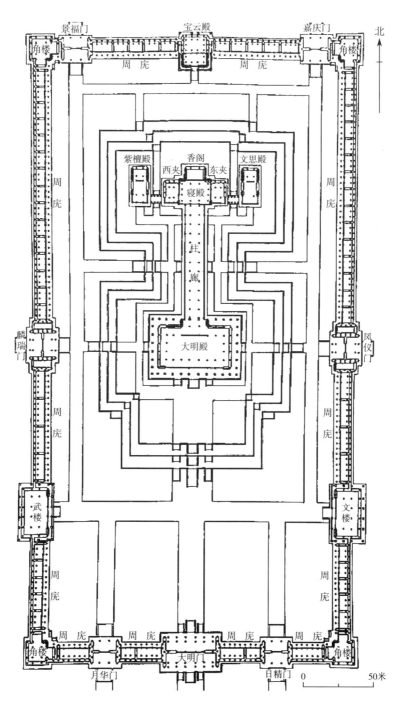

附图 1.11 傅熹年绘制元大内大明殿建筑群总平面图
（采自傅熹年：《元大都大内宫殿的复原研究》，1993 年）
参考现存元代官式建筑形制，复原了元大内的核心建筑。修改了部分《辍耕录》数据，
如将周庑数由"一百二十间"调整为"二百二十间"。

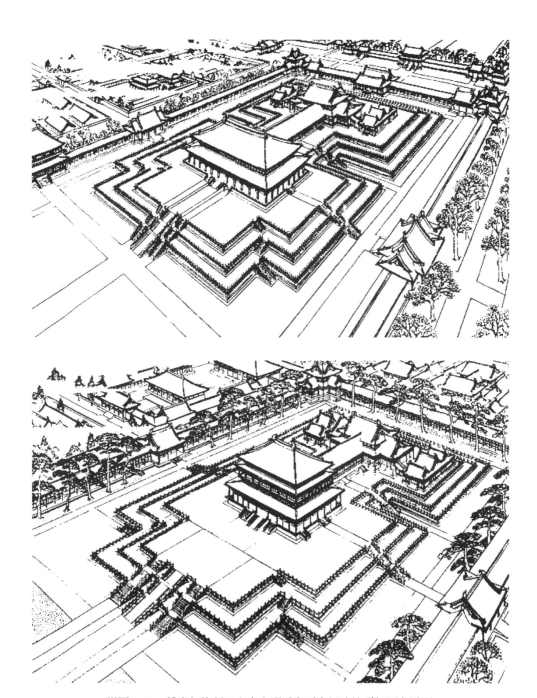

附图1.12 傅熹年绘制元大内大明殿和延春阁建筑群复原鸟瞰图
(采自傅熹年：《元大都大内宫殿的复原研究》，1993年)
在平面复原的基础上，进而提出元大内两组核心建筑群的建筑复原方案。

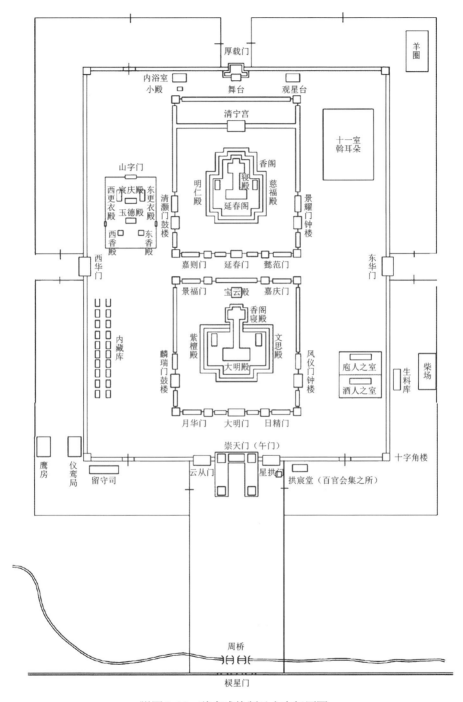

附图 1.13 姜东成绘制元大内复原图
（改绘自姜东成：《元大都城市形态与建筑群基址规模研究》，2007 年）
复原的元大内平面主要参考朱启钤、阚铎绘制的复原图（见附图 1.2），
但将玉德殿的位置向南作了调整，增加了延春阁以北的建筑。

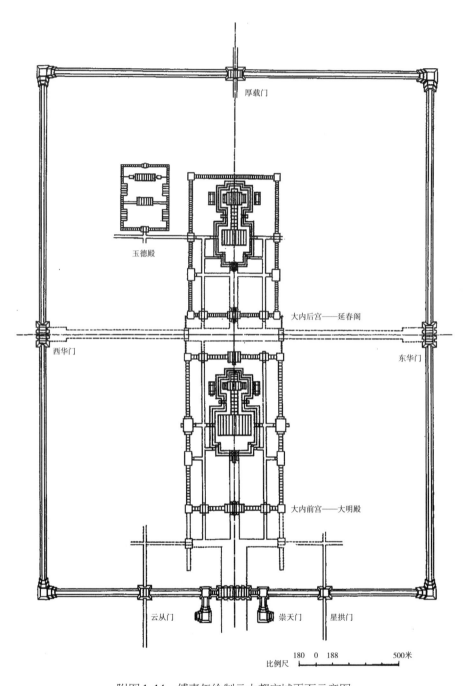

厚载门

玉德殿

大内后宫——延春阁

西华门

东华门

大内前宫——大明殿

云从门　　　　崇天门　　星拱门

比例尺　180　0　188　　　500米

附图1.14　傅熹年绘制元大都宫城平面示意图

（采自傅熹年：《中国科学技术史（建筑卷）》，2008年）

在前期大明殿、延春阁两组建筑群的复原图（见附图1.11和附图1.12）基础上，绘制了元大内的总平面。

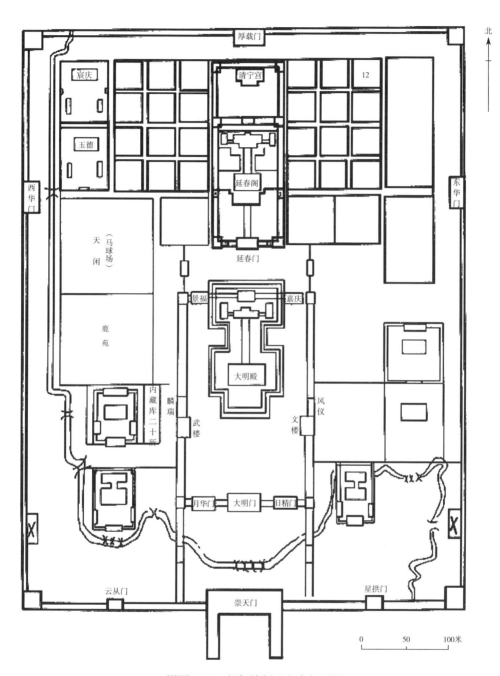

北

厚载门

宸庆

清宁宫

12

玉德

西华门

延春阁

东华门

（马球场）
天闲

鹿苑

延春门

景福

嘉庆

大明殿

内藏库二十所

麟瑞

武楼

文楼

风仪

月华门

大明门

日精门

云从门

星拱门

崇天门

0   50   100米

附图 1.15　郭超绘制元大内复原图

（采自郭超：《元大都的规划与复原》，2016 年）

推翻了元大都考古勘探以来确定的有关元大内位置和布局的观点，重新提出元大内范围应与明清
故宫完全重合，建筑布局则依照清乾隆时期的宫殿而定。

附录二　永乐西宫新证

有关永乐西宫的营建，《明实录》记载：

（永乐十四年八月）丁亥，作西宫。初，上至北京，仍御旧宫。及是，将撤
而新之。乃命作西宫为视朝之所①。

（永乐十五年四月）癸未，西宫成。其制：中为奉天殿，殿之侧为左右二
殿。奉天殿南为奉天门，左右为东西角门。奉天门之南为午门，之南为承天门。
殿之北有后殿、凉殿、暖殿及仁寿、景福、仁和、万春、永寿、长春等宫。凡
为屋千六百三十余楹②。

此处的"旧宫"，应是指燕王府。撤"燕王府"而新建的，则应是"明北京宫
殿"。由"撤而新之"可以明确明北京宫殿与燕王府的叠压关系③。从上下文来看，
作"西宫"的目的，是作为"撤而新之"这段营建期内的临时视朝之所。因此，
"西宫"就不可能与燕王府和明北京宫殿同处一地。对此，《罪惟录》说得非常明确：
"十四年，将营北京，先作西宫居之。"④ 再往前推溯，燕王府"依元旧皇城基改
造"⑤，从文献所载建筑形制和建文帝讨伐朱棣建府逾制一事来看，燕王府应直接利
用了元大内建筑。所以，元大内、燕王府、明北京宫殿三者存在空间上的重叠，而

---

① 《明太宗实录》，卷一七九。
② 《明太宗实录》，卷一八七。
③ 考察《明实录》中关于"撤而新之"的条目，均是指基于原址的重建。如修建曲阜孔庙，"命有司撤其
旧而新之。"见《明太宗实录》，卷一九二。如修建南京天禧寺，"国家洪武中，撤而新之。"见《明太
宗实录》，卷二六九。又如修建北京国子监，"命有司撤而新之。"见《明英宗实录》，卷一一四。
④ ［清］查继佐：《罪惟录》，卷二八"将作志"，杭州：浙江古籍出版社，1986年。
⑤ 《明太祖实录》，卷四七。

西宫则另当别论。明确这一点，对开展西宫位置和形制的讨论至关重要。

一 西宫及其研究

西宫的营建时间，从永乐十四年（1416 年）八月丁亥持续到十五年（1417 年）四月癸未，共计 10 个月。而朱棣从永乐十四年九月戊申离开北京，到十五年五月丙戌返回，也有 10 个月不在北京。李燮平认为，永乐此次返回南京与高煦不轨和谷王谋反有关①。而白颖则注意到了二者在时间上的衔接，认为永乐此次返回南京与西宫的营建有密切关系②。笔者赞同后者观点，永乐此次离燕更可能是有意避开西宫的施工。这说明西宫的建设影响了燕王府的正常使用。一种可能是二者相距不远，西宫的营造对燕王府形成干扰；另一种可能是西宫直接利用了燕王府的建筑材料，即拆燕王府而建西宫。

永乐十五年六月，也就是朱棣返回北京的次月，北京宫殿兴工，耗时 3 年 6 个月后，于永乐十八年十二月癸亥完工。次月，也即永乐十九年（1421 年）正月朔旦，朱棣御新殿受朝，正式宣告迁都北京。明北京宫殿的建成和投入使用，标志着西宫作为临时视朝之所使命的完成。由此，可以确定西宫的使用时间为永乐十五年五月丙戌至十八年十二月癸亥，共计 3 年 7 个月（附图 2.1）。

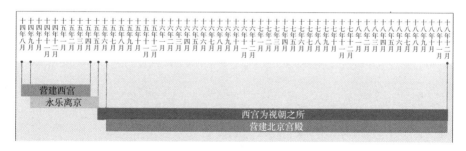

附图 2.1 永乐西宫的营建和使用时间

---

① 李燮平：《明代北京都城营建丛考》。

② 白颖：《燕王府位置新考》，《故宫博物院院刊》2008 年第 2 期。

西宫的名称具有很强的方位概念。西宫之"西"，应是相对于当时的燕王府而言，因此，西宫必然位于明清故宫中轴线以西。但由于文献并未明载其位置，所以西宫到底有多"西"，还存在争议。目前学界主要存在两种观点：一是认为西宫位于太液池西岸的元西内隆福宫处，距离明清故宫"可一里"。这一观点来自明嘉靖以来的文献记载，如严嵩《钤山堂集》、朱国祯《涌幢小品》、李东阳《大明会典》及清人孙承泽《春明梦余录》、于敏中《钦定日下旧闻考》、吴长元《宸垣识略》等①。当代者如王璞子、单士元、王剑英、李燮平、孟凡人、王岗等据此拟定西宫位置，并绘制了复原平面②。另一种观点认为西宫位于明清紫禁城外西路。这一观点源自故宫博物院内明初大型建筑基址的发现，随之而来的是对明初历史文献和图像资料的发掘，代表人物有姜舜源、王子林③（附图 2.2）。

作为从燕王府到明北京宫殿的过渡，西宫的位置和格局至关重要。但从主流观点来看，所用文献的时代太晚。嘉靖至永乐间隔近百年，而西苑至少经历了天顺、嘉靖两朝的改建，仅以嘉靖以降的文献为依据，显然不足以支撑结论。更为关键的，恰恰应该是永乐至嘉靖之间的文献。同时，故宫博物院新涌现的考古材料也应得到重视和利用。本文即从这两方面入手，结合文献和考古证据，梳理西宫名称和内涵的变迁，明晰其范围和格局。

---

① 比较典型的文献如（1）[明]朱国祯：《涌幢小品》，卷四"宫殿"："文皇初封于燕，以元故宫为府，即今之西苑也。靖难后，就其地亦建奉天诸殿。十五年，改建大内于东，去旧宫可一里，悉如南京之制而弘敞过之，即今之三殿正朝大内也。"（2）[明]李东阳等：《大明会典》，卷一八一"工部一"："永乐十五年，作西宫……今在西城，各殿门俱更别名。"（3）[清]孙承泽：《春明梦余录》，卷六"宫阙"："明太宗永乐十四年，车驾巡幸北京，因议营建宫城。初，燕邸因元故宫，即之之西苑，开朝门于前。元人重佛，朝门外有大慈恩寺，即今之射所。东为灰场，中有夹道，故皇墙西南一角独缺。太宗登极后，即故宫建奉天三殿，以备巡幸受朝。至十五年，改建皇城于东，去旧宫可一里许，悉如金陵之制而宏敞过之。"其余文献多为相互传抄。

② 参见王璞子：《燕王府与紫禁城》，《故宫博物院院刊》1979 年第 1 期；单士元：《明代营建北京的四个时期》。王剑英、王红：《论从元大都到明北京宫阙的演变》；李燮平：《燕王府所在地考析》，《故宫博物院院刊》1999 年第 1 期；孟凡人：《明北京皇城和紫禁城的形制布局》，《明史研究》2003 年第 0 期；王岗：《明成祖与北京城》，《北京社会科学》2008 年第 3 期。

③ 参见姜舜源：《紫禁城东朝、东宫建筑的演变》，《故宫博物院院刊》1995 年第 4 期；王子林：《紫禁城建筑之道》，北京：故宫出版社，2019 年。

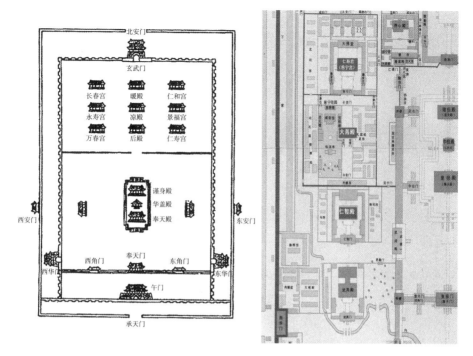

附图 2.2　永乐西宫的两种复原平面
（左图采自李燮平：《明代北京都城营建丛考》，右图由王子林提供）

二　西宫名称和内涵的变迁

元代后期就已有"西宫"的概念，指的是位于太液池西岸的兴圣宫。张昱《宫中词》有："从行火者笑相招，步辇相将过钓桥。鹿顶殿开天乐动，西宫今日赛花朝。"① "鹿顶殿"即"盝顶殿"，是金、元时期比较常见的一种建筑形式。据《故宫遗录》记载，元大内和兴圣宫均有鹿顶殿。上文所言应是位于兴圣宫的鹿顶殿，说明"西宫"乃是指兴圣宫。稍晚的文献如《南村辍耕录》有："天历初，建奎章阁于西宫兴圣殿之西廊。"②《元史》有："至大四年，仁宗御西宫。"③ 均可佐证元代"西宫"即兴圣宫。

---

① ［元］张昱：《可闲老人集》，卷二"宫中词"。
② ［元］陶宗仪：《南村辍耕录》，卷二"宣文阁"。
③ ［明］宋濂等：《元史》，卷九十"大都留守司"。

（一）永乐—宣德时期（1403～1435 年）

除了兴圣宫，元代在太液池西岸还建有隆福宫，二者并称"西内"。永乐至宣德初期，元西内仍然存在，并被用于囚禁叛乱的藩王世子。如："齐庶人榑，太祖第七子……永乐四年八月二十七日，以反谋露，削爵，囚西内。"①"谷庶人橞，太祖第十九子……永乐十五年二月初六日，以谋反为兄蜀王所发，逮至京，削爵，锢西内。"②"汉庶人高煦，成祖第二子……宣德元年九月初六日，谋反降之，削爵，锢西内。"③

而这一时期的"西宫"，则是指皇太后张氏的住所。据《明实录》记载："（宣德三年二月）丁卯，上奉皇太后游西苑。自上即大位，尊事皇太后极其孝敬，每旦暮诣西宫朝谒，愉色奉承，惟恐弗及。至是，恭请皇太后游西苑，皇后、皇妃皆侍行。"④ 显然，"西宫"并不在"西苑"，否则就没有必要专程请皇太后游西苑。宣德八年（1433 年）四月二十六日，杨士奇等重臣勋戚获赐游西苑，从游线来看，众人由中官引导，自西安门入，先乘舆马至太液池东岸，继而下车向南步行至圆殿，再折返至清暑殿（此二殿即宣德奉侍皇太后宴游之所）；然后登万岁山，观广寒等殿；最后退坐山下，赐酒宴；对西苑可谓是"遍历周览"。但从留下的游记来看，无论是游线所经或山顶环顾，都不曾提及苑内有"西宫"⑤。

综合二者，永乐至宣德时期的"西内"，指的是太液池西岸的元西内，而"西宫"作为皇太后的居所，则应位于太液池东岸的紫禁城内。其具体位置，可以通过张皇后（此时已是太皇太后）丧礼的相关文献进一步明确。正统七年（1442 年）十一月，太皇太后去世，于仁寿宫停灵并举行丧礼：

> 上缞服御奉天门内，侍官举舆，上随舆后降阶升辂，百官素服于金水桥南，

---

① ［明］王世贞：《弇山堂别集》，卷三二"齐庶人榑"，上海：上海古籍出版社，2017 年。

② ［明］王世贞：《弇山堂别集》，卷三二"谷庶人橞"。

③ ［明］王世贞：《弇山堂别集》，卷三三"汉庶人高煦"。

④ 《明宣宗实录》，卷三六"宣德三年二月丁卯"。

⑤ ［明］杨士奇：《东里续集》，卷一五"赐游西苑诗序"，载《钦定四库全书·集部》，文渊阁本。

北向主册宝。舆至，百官皆跪，俟其过，乃舆随至思善门外，北向立。上至仁寿宫门外，降辂册宝，舆由中门进，至几筵殿前①。

比较可能的是，张氏的丧礼就在她生前居所举行②。那么，此处的"仁寿宫"就应与上文的"西宫"同指一地。而仁寿宫在永乐十八年（1420 年）的建都赋中多次出现，如金幼孜《皇都大一统赋》："乾清并耀于坤宁，大善齐辉于仁寿。"③ 李时勉《北京赋》："其后则奉先之殿，仁寿之宫。乾清坤宁，眇丽穹隆。"④ 说明仁寿宫在北京宫殿建成时就已存在。同时，仁寿宫又非常重要，得以与乾清宫、坤宁宫、奉先殿相提并论。从文献来看，仁寿宫位于思善门（今故宫右翼门）外，属于明清故宫外西路，相较于中轴线上的宫殿而言，的确可以被称为"西宫"。

（二）正统—成化时期（1436～1487 年）

从上述张氏丧礼的材料还可以看出，正统时期已不再称仁寿宫为西宫，说明新名被广泛接受而旧名被逐渐忘却。至天顺元年（1457 年），文献中再次出现了"西宫"，但这一次，它的内涵发生了很大变化。

文献记载，英宗复辟之后，景泰帝被软禁于"西内"，并薨于"西宫"。此"西宫"应是指元西内旧宫，很可能即永乐至宣德时期囚禁叛乱藩王世子的地方：

　　（天顺元年）二月己未，废帝为郕王，迁西内。癸丑，薨于西宫⑤。

景泰帝去世之后，英宗对西苑进行了一番改造：

　　（天顺四年九月）丁丑，新作西苑殿亭轩馆成。苑中旧有太液池，池上有蓬莱山，山颠有广寒殿，金所筑也。西南有小山，亦建殿于其上，规制有巧，元

---

① 《明英宗实录》，卷九八"正统七年十一月庚申"。
② 姜舜源发现辽宁省博物馆所藏《万年松图》上提有宣德亲笔"奉仁寿宫清玩"，证实了仁寿宫确为张氏居所。参见姜舜源：《紫禁城东朝、东宫建筑的演变》。
③ ［清］于敏中：《钦定日下旧闻考》，卷六"形胜二"。
④ ［清］于敏中：《钦定日下旧闻考》，卷六"形胜二"。
⑤ ［清］龙文彬：《明会要》，卷一"帝号"，北京：中华书局，1956 年。

所筑也。上命即太液池东西作行殿三。池东向西者曰凝和，池西向东对蓬莱山者曰迎翠，池西南向以草缮之而饰以垩曰太素，其门各如殿名。有亭六，曰飞香、拥翠、澄波、岁寒、会景、映晖；轩一，曰远趣；馆一，曰保和①。

对此，清吴长元在《宸垣识略》中推断："据《英宗实录》则万岁山金时又名蓬莱。其西南一小山，元建殿于其上，即兔儿山。池西向东对蓬莱山曰迎翠者，当是元兴圣殿址，以兴圣殿在万岁山正西也，其地约今阳泽门内皆是。"② 从三座行殿的位置来看，迎翠殿应位于元兴圣宫旧址，而太素殿则位于元隆福宫旧址。

然而，天顺四年（1460 年）的这次改造应当动作不大，并未完全改变元西内的面貌。据清人文献，成化时期的"西宫"和"西内"，其语义并未发生变化：

> 成化六年七月，生帝于西宫③。

> （成化十八年）春三月，复罢西厂。先是有盗越皇城入西内，东厂校尉缉获④。

可见，正统至成化时期，"西宫"不再指紫禁城外西路的仁寿宫，而是指元西内的旧宫。由于文献并未明载，有可能是元兴圣宫，也可能是元隆福宫。

（三）嘉靖时期（1522～1566 年）

嘉靖时期对西苑的增改非常频繁，嘉靖二十一年（1542 年）"壬寅宫变"之后，更是成为长期的视朝之所。《万历野获编》记载："惟世宗晚年，西宫奉玄，掖庭体例，与大内稍异。"⑤《古和稿》记载："西宫再建，钦定正宫前堂曰万寿宫，后寝曰寿源宫，宫门曰万寿门，左门曰曦福，右门曰朗禄，后门曰永绥、含祥、成瑞，仍旧。"⑥ 二者均表明嘉靖时期的"西宫"指的是西苑的万寿宫。

---

① 《明英宗实录》，卷三一九"天顺四年九月丁丑"。
② ［清］吴长元辑：《宸垣识略》，卷四"皇城二"。
③ ［清］张廷玉等：《明史》，卷十五"孝宗"。
④ ［清］谷应泰：《明史纪事本末》，卷三七"汪直用事"，上海：上海古籍出版社，1994 年。
⑤ ［明］沈德符：《万历野获编》，卷三"宫阙"，北京：中华书局，1959 年。
⑥ 参见单士元：《明北京宫苑图考》，北京：紫禁城出版社，2009 年。

万寿宫是嘉靖时期在西苑建设的规模最大的建筑。嘉靖十年（1531 年）初建时名仁寿宫，后改名永寿宫，后又更名万寿宫。至为关键的是，文献记载该宫所在地本是"永乐旧宫"：

> （嘉靖十年九月）乙丑，修葺西苑宫殿工毕。上以西苑为文祖临御之地，是日设位致祭①。

> 维是宫，乃我成祖文皇帝基命肇兴之地，旧名曰仁寿。皇上临御于兹，既阅数载，荷天之休，膺受符只，动罔不迪于吉。于是嘉进其名，曰万寿宫②。

> 万寿宫者，文皇帝旧宫也。世宗初名永寿宫。自壬寅从大内移跸此中，已二十年。至四十年冬十一月之二十五日辛亥，夜火大作，凡乘舆一切服御及先朝异宝尽付一炬③。

而在嘉靖十年的其他文献中，此仁寿宫又被称为"旧仁寿宫"：

> （嘉靖十年三月）己丑，初，礼部数上言，皇后出郊亲蚕不便。是日早，上乃谕大学士张孚敬，令与尚书李时议移之西苑。晡时，驾幸西苑，召二臣至太液池，上使中官操舟渡之，入见于旧仁寿宫。上曰："朕惟农桑重务，欲于宫前建土谷坛，宫后为蚕坛，以时省观，卿等视其可否？"④

> （嘉靖）十年三月，耕籍田，册九嫔，立西苑。于旧仁寿宫前种植、设土谷坛，曰帝社、帝稷，后立蚕室⑤。

显然，"旧仁寿宫"之称是为了区别于"仁寿宫"，因为此时紫禁城外西路的仁寿宫仍然存在。直至嘉靖十五年（1536 年），才撤掉仁寿宫和大善殿建慈宁宫，以作为皇太后宫：

---

① 《明世宗实录》，卷一三〇"嘉靖十年九月乙丑"。
② ［明］严嵩：《钤山堂集》，卷十八"万寿宫颂有序"，明嘉靖二十四年刻增修本。
③ ［明］沈德符：《万历野获编》，卷二九"万寿宫灾"。
④ 《明世宗实录》，卷一二三"嘉靖十年三月己丑"。
⑤ ［清］查继佐：《罪惟录》，卷一二"世宗肃皇帝纪"。

（嘉靖十五年四月）癸巳……今朕拟将清宁宫存储居之地后即半作太皇太后宫一区，仁寿宫故址并除释殿之地作皇太后宫一区，以备皇祖一代之制，亦非妄举①。

（嘉靖十五年五月）乙丑……禁中大善佛殿内有金银佛像并金银函贮佛骨佛头佛牙等物，上既勅廷臣议撤佛殿，即其地建皇太后宫，是日命侯郭勋、大学士李时、尚书夏言入视殿址②。

这说明，嘉靖十年至十五年（1531～1536年）间，"旧仁寿宫"与"仁寿宫"并存。从名称上看，旧仁寿宫的建成应早于仁寿宫。前文已述，仁寿宫在永乐十八年北京宫殿建成时就已存在，那么，旧仁寿宫应建于北京宫殿之前，也即永乐初期。这一时期的主要工程只有永乐西宫，并且西宫的后宫之一名为"仁寿"。据此推断，嘉靖时期的"旧仁寿宫"应是指永乐西宫，即永乐西宫在太液池西。

（四）西宫位置的判断

综合梳理元代中后期至明嘉靖时期的文献，可以获得以下认识："西宫"这一概念，在元代指太液池西北的兴圣宫；永乐至宣德时期指太液池东、紫禁城外西路的仁寿宫；正统至成化时期指太液池西的元西内旧宫（可能是兴圣宫、也可能是隆福宫）；嘉靖时期指太液池西南的旧仁寿宫（后称永寿宫、万寿宫，约在元隆福宫旧址）。再往后的文献基本延续了嘉靖时期的观点（附表2.1）。

从可信度出发，应以时代更贴近的文献为准。因此，依据永乐至宣德时期的文献，已经可以判断永乐西宫在明紫禁城外西路。然而，更需探讨的是，为何嘉靖时期的大量文献却坚称永乐西宫在太液池西南？假如永乐西宫确如嘉靖时期文献所言建于元西内旧址之上，那么永乐十五年（1417年）二月将叛乱藩王世子囚禁于西内的文献就不可能成立，因为此时正是永乐西宫建设的时期。再退一步，即便认为永乐时期只改造了元代隆福宫为西宫，而将兴圣宫作为囚禁之地，但从天顺四年

---

① 《明世宗实录》，卷一八六"嘉靖十五年四月癸巳"。
② 《明世宗实录》，卷一八七"嘉靖十五年五月乙丑"。

（1460 年）改造西苑的记录来看，同时涉及兴圣宫和隆福宫两地，却并未对永乐西宫有一言半语的记载。

因此，本文认为嘉靖时期以旧仁寿宫曾为永乐西宫的记载是不符合历史事实的。王剑英、王红也曾指出，这一曲解始于雷礼，严嵩①。造成这一曲解的原因可能有二：一是距离永乐西宫的营建时间久远，误将元西内的隆福宫旧址认作永乐西宫。然而考虑到《明实录》记载了永乐—宣德时期的西宫，这一可能性微乎其微。那么，更可能的就是有意为之。嘉靖作为宗藩入继大统，凡事均需慎重考虑其正统性，免遭质疑。前述新建慈宁宫为皇太后宫时，也是搬出"皇祖"作为依据，称这一改造"并非妄举"，而是延续了"皇祖一代之制"。嘉靖十年起，先后在西苑修筑了土谷坛、蚕坛、仁寿宫、无逸殿、清虚殿等，这些大兴土木的行为多次遭到臣子的劝阻。如何去除障碍、保障工程的顺利实施？"成祖潜邸"显然是一个很有分量的"理由"。

"壬寅宫变"之后，嘉靖自大内正式迁入仁寿宫，三十一年（1552 年）将其改名为永寿宫，四十四年（1565 年）又更名为万寿宫，直至四十五年（1566 年）去世，在此执政长达二十四年。嘉靖时代的落幕并未阻止仁寿宫继续被冠以"成祖潜邸"的称号，后世文献大多沿用了这一错误观点。

附表 2.1 西宫名称和内涵的变迁

时间	西宫对应的宫殿	地点
元代	兴圣宫	太液池西北
明洪武至建文	—	—
明永乐至宣德	仁寿宫	紫禁城外西路
明正统至成化	兴圣宫或隆福宫	太液池西北或西南
明弘治至正德	—	—
明嘉靖	仁寿宫（旧仁寿宫）、永寿宫、万寿宫	太液池西南
明嘉靖之后	万寿宫	太液池西南

此外，从宫城制度来看，明南京即有西宫。据文献，其装饰质朴，内有大庖和

---

① 王剑英、王红：《论从元大都到明北京的演变和发展——兼析有关记载的失实》，载燕京研究院：《燕京学报（新一期）》，北京：北京大学出版社，1995 年。

寝殿。朱元璋燕居于此，并于此殡天，丧礼也在此举行：

> （洪武十七年九月）初七日正朝奉天殿，入文华殿听选。是日，上御西宫大庖，吏部尚书余公某引教官九人入见，赐宴席①。
>
> （洪武二十二年十月）壬寅，工部奏："营造西宫殿宇所用银朱、水银等物，宜下湖广买之。"上曰："西宫制甚质朴，彩绘之物但计官库有见（现）存者用之，无事过饰。"②
>
> （洪武二十五年）而西宫则上燕居之所③。
>
> （洪武三十一年闰五月）乙酉，上崩于西宫④。

显然，南京西宫应位于宫城之内。北京西宫同样如此，或许正是其"悉如金陵之制"的一种表现。

三　西宫范围和格局的复原

《明实录》所反映的西宫格局非常清晰。从南至北，包括前导空间：承天门、午门；核心建筑群：奉天门、东西角门、奉天殿、左右二殿、后殿、凉殿、暖殿；以及后宫建筑群：仁寿宫、景福宫、仁和宫、万春宫、永寿宫、长春宫。

下文即综合文献、考古材料和建筑史相关研究，明确西宫各殿的形制和位置，复原西宫的整体范围和格局。

（一）紫禁城外西路元、明建筑遗址的分布

20 世纪 90 年代开始，故宫博物院古建部在建筑基础勘察和地下管线施工中，持

---

① ［明］郑真：《荥阳外史集》，卷九十九，上海：上海古籍出版社，1991 年。
② 《明太祖实录》，卷一九七"洪武二十二年十月壬寅"。
③ ［明］朱国祯：《涌幢小品》，卷四"宫殿"。
④ 《明太祖实录》，卷二五七"洪武三十一年闰五月乙酉"。

续发现元、明建筑遗址，积累了一批关于故宫地下情况的资料。新近成立的考古研究所（2020 年更名为考古部），配合工程建设，发掘了一系列元、明建筑遗址。其中，位于外西路的元、明遗址包括：慈宁宫花园东、隆宗门西、右翼门西、长信门北、断虹桥西南角、清宫造办处旧址、英华殿院落东墙外。

1. 慈宁宫花园东

2014 年，在慈宁花园东部，发现了明代早期（很可能是永乐时期）的 16 处大型建筑基础——磉墩①。

2. 隆宗门西

2015 年，在隆宗门以西区域，发现了位于生土层之上的元代夯筑层，此段遗址呈南北走向，其夯筑方式与元大都城墙一致，初步判断为元大内大明殿西庑的基础。其上还叠压有明清夯土、碎砖层和现代地层②。

3. 右翼门西

2015 年，在数字化研究所北墙以东、右翼门以西，发现了一段墙体和门道遗址，结合文献和历史地图初步判断为明代宝宁门遗址③。

4. 长信门北

2016 年，在慈宁花园北部的长信门外，也发现了 1 处明代早期（很可能是永乐时期）的磉墩，与慈宁宫花园东的 16 个磉墩为同时期建造④。

5. 断虹桥

2016 年，对断虹桥西南角进行考古探勘，发现了清代散水地面和明初夯层。据此判断今存断虹桥的修建年代不早于明早期。但其桥体特征又显示为元代，说明很可能存在明初移建或重修的情况⑤。

6. 清宫造办处旧址

2020 年，在清宫造办处旧址东南部，发现了 4 座明代早期大型磉墩，长、宽均

① 徐华烽：《故宫慈宁宫花园东院遗址——揭秘紫禁城"地下宫殿"》。
② 徐华烽：《隆宗门西遗址发现元明清故宫"三叠层"》。
③ 徐华烽：《隆宗门西遗址发现元明清故宫"三叠层"》。
④ 徐华烽：《故宫慈宁宫花园东院遗址——揭秘紫禁城"地下宫殿"》。
⑤ 徐海峰：《古桥一隅寻踪迹——断虹桥桥头西南侧考古》。

为 4.4 米，呈两行两列排布，间距达 11 米，判断为明初大型宫殿建筑基础①。2021年，在靠东的两个磉墩以东约 1.15 米处发现了一道南北向延伸、宽约 1.1 米的墙体基础，确定了这部分遗址的东边界②。

7. 英华殿东

2020 年，在英华殿院落东墙外，发现了明早期碎砖黄土交互夯层③。

8. 浴德堂浴室

位于武英殿院内西北的浴德堂浴室及其西侧井亭，因其伊斯兰建筑风格，很早即被判断为元大都留守司区域的建筑遗存④。

综合以上材料，可以绘制出紫禁城外西路元、明建筑遗址的分布，为永乐西宫各宫殿的定位提供依据（附图 2.3）。

（二）元大内、燕王府、西宫核心建筑的承袭

营建西宫总计"一千六百三十余楹"的建筑仅耗时十个月，很大可能是利用了燕王府的建筑材料。据《明实录》记载：

> 十一月甲寅，燕府营造讫工，绘图以进。其制：社稷、山川二坛在王城南之（左）右。王城四门，东曰体仁、西曰遵义、南曰端礼、北曰广智。门楼廊庑二百七十二间。中曰承运殿，十一间。后为圆殿，次曰存心殿，各九间。承运殿之两庑为左、右二殿。自存心、承运周回两庑至承运门，为屋百三十八间。殿之后为前、中、后三宫，各九间。宫门两厢等室九十九间。王城之外，周垣四门，其南曰灵星，余三门同王城门名。周垣之内，堂库等室一百三十八间。凡为宫殿室屋八百一十一间⑤。

---

① 徐海峰、吴伟、赵瑾：《清宫造办处旧址 2020 年考古发掘收获》。
② 故宫博物院考古部提供。
③ 故宫博物院考古部提供。
④ 单士元：《故宫武英殿浴德堂考》。
⑤ 《大明太祖高皇帝实录》，卷一二七。

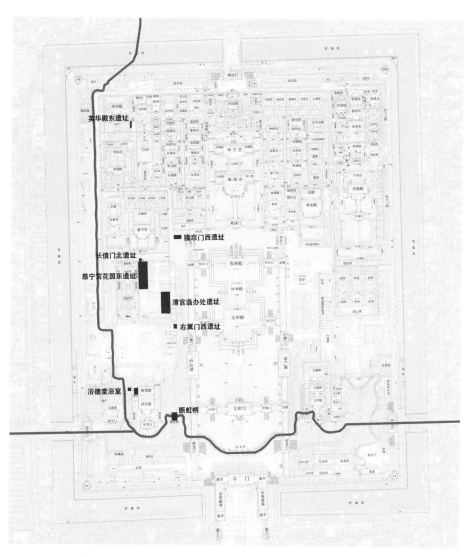

附图2.3 紫禁城外西路元、明建筑遗址的分布·（徐斌绘制）

而燕王府又在很大程度上继承了元大内的建筑。据《南村辍耕录》记载：

正南曰崇天，十二间，五门，东西一百八十七尺，深五十五尺，高八十五尺。

大明门在崇天门内，大明殿之正门也，七间，三门，东西一百二十尺，深四十四尺，重檐。日精门在大明门左，月华门在大明门右，皆三间，一门。

大明殿，……十一间，东西二百尺，深一百二十尺，高九十尺。柱廊七间，深二百四十尺，广四十四尺，高五十尺。寝室五间，东西夹六间，后连香阁三间，东西一百四十尺，深五十尺，高七十尺。

文思殿在大明寝殿东，三间，前后轩，东西三十五尺，深七十二尺。紫檀殿在大明寝殿西，制度如文思。

宝云殿在寝殿后，五间，东西五十六尺，深六十三尺，高三十尺。

凤仪门在东庑中，三间，一门，东西一百尺，深六十尺，高如其深。……麟瑞门在西庑中，制度如凤仪。

钟楼，又名文楼，在凤仪南。鼓楼，又名武楼，在麟瑞南。皆五间，高七十五尺。

嘉庆门在后庑宝云殿东，景福门在后庑宝云殿西，皆三间一门①。

因此，厘清元大内、燕王府、西宫三者的建筑沿袭关系，就显得尤为关键。从三段文献来看，关于西宫，仅包含建筑名称和序列；关于燕王府，增加了建筑开间数的信息；关于元大内，不仅增加了建筑开间数，还有面阔、进深、高度等尺寸。如能建立起三者之间的联系，则可充分利用后两者的数据，作为西宫建筑复原的依据。

由燕王府承运殿为十一间大殿的记载来看，其所沿用的应是元大内大明殿。由此出发，推断燕王府与元大内建筑可能存在以下对应关系：体仁门＝东华门、遵义门＝西华门、端礼门＝崇天门、广智门＝厚载门，以上为继承元大内皇城四门的部分；承运门＝大明门、承运殿＝大明殿、圆殿＝寝室＋东西夹＋香阁、存心殿＝宝云殿、左殿＝文思殿、右殿＝紫檀殿，以上为继承元大内大明殿建筑群的部分。

需要展开说明的是，从上述引文"自存心、承运周回两庑至承运门"一句来看，存心殿应位于承运殿建筑群北庑（墙）正中，与承运门南北相对，如此才可形成存心殿、承运殿周回两庑、承运门的围合关系。这与宝云殿位于大明殿建筑群北庑正中的形制相同。因此，本文认为，圆殿对应的是大明殿建筑群的寝室＋东西夹＋香阁部分，而非柱廊。圆殿与承运殿之间，应另有柱廊相连。

---

① ［元］陶宗仪：《南村辍耕录》，卷二十一"宫阙制度"。中轴线上的建筑开间数一般为单数，故崇天门"十二间"应为"十一间"。凤仪门在东庑上，则其南北距离应大于东西距离，故此处应为"东西（深）六十尺，南北一百尺，高如其深。"

对于西宫和燕王府来说，比较可能的情形是，奉天门＝承运门、奉天殿＝承运殿、后殿＋凉殿＋暖殿＝圆殿、左殿＝左殿、右殿＝右殿，前后殿之间也应有柱廊相连。如此看来，西宫对燕王府的继承主要体现在核心建筑上。对于燕王府建筑群所没有的东、西角门和后六宫，则应为新建。核心建筑以南的午门和承天门，也应为新建（附表2.2）。

附表2.2　元大内、燕王府、西宫核心建筑的承袭关系与尺度推测

元大内	燕王府	西宫
大明门（7间，面阔120尺，进深44尺）	承运门（5间）	奉天门（应为5间）
日精门（3间）	—	东角门（应为1间）
月华门（3间）	—	西角门（应为1间）
大明殿（11间，面阔200尺，进深120尺）	承运殿（11间）	奉天殿（应为11间）
凤仪门（3间，面阔100尺，进深60尺）	左殿（应为3间）	左殿（应为3间）
麟瑞门（3间，面阔100尺，进深60尺）	右殿（应为3间）	右殿（应为3间）
钟楼（5间）	—	—
鼓楼（5间）	—	—
寝室＋东西夹＋香阁 （11间，面阔140尺，进深50尺）	圆殿（改为9间）	后殿＋凉殿＋暖殿 （应为9间）
紫檀殿（3间，面阔35尺，进深72尺）	—	—
文思殿（3间，面阔35尺，进深72尺）	—	—
宝云殿（5间，东西56尺，进深63尺）	存心殿（9间）	—
嘉庆门（3间）	—	—
景福门（3间）	—	—

（三）西宫范围的划定

内金水河沿用了元大内金水河（也称邃河），因此，永乐西宫在规划选址时，不会不考虑既有水系这一限制性要素。从紫禁城外西路的河道形态来看，西宫的南北轴线应与武英殿轴线重合。

　　结合水系和元、明建筑遗址，可以粗略勾画出西宫的四界。其中，西、南边界不应突破金水河河道。东边界依据考古发现的清宫造办处旧址的东部墙体基础确定，据今日东墙约 7 米。相应地，与其对称的西边界也就确定了，约在今慈宁宫花园西墙以东 3.7 米。北边界则可能是燕王府承运殿（此时已更名奉天殿）北墙向西的延伸，约在今英华殿南墙—建福宫花园南墙—咸福宫北墙一线，与考古发现的英华殿院落东墙外明早期遗址重叠（附图 2.4）。

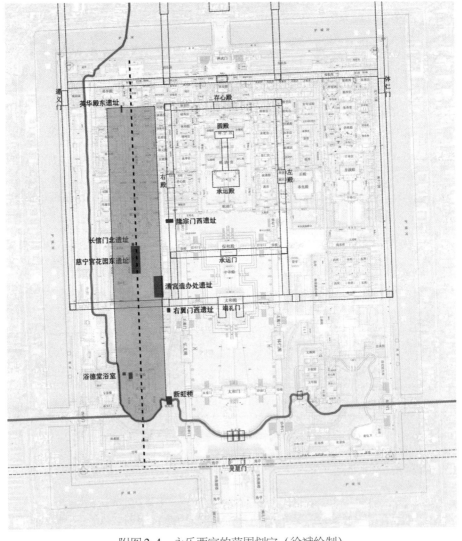

附图 2.4　永乐西宫的范围划定（徐斌绘制）

这一范围，实际上包含了燕王府（元大内）的西南部分和南墙外的留守司区域。西宫的前导空间利用了后者，而下文要讨论的核心建筑群则利用了前者。

（四）西宫格局的复原

1. 前导空间

最南端的承天门应位于武英殿区域。王子林指出，武英殿建筑群东南墙角打破了金水河河道栏杆，因此，武英门及南墙的修建时间晚于河道的形成[①]，这一认识是非常有见地的。而据文献记载，武英门、武英殿、敬思殿均建于明初，其北的方略馆则要晚至乾隆十四年（1749 年）[②]。故承天门至北不应超过武英殿建筑群北墙，至南不应超过武英门。比较可能的情形是，承天门位于武英殿处，依武英殿建筑形制，定为面阔五间、进深三间。

紧随其北的午门应位于明仁智殿、清内务府区域。《明宫史》有一条特别关键的记载："（宝宁门）门外偏西大殿，曰仁智殿，即俗所谓白虎殿是也。凡大行帝后梓宫灵位，在此停供。"[③]"白虎"为西方之象，有强烈的方位含义，"白虎殿"即"西殿"，与"西宫"应有密切关系。永乐皇帝去世后，梓宫灵位停供仁智殿，参考太皇太后张氏的情况，仁智殿很可能即朱棣生前居所。前文已述，西宫作为"视朝之所"共使用了 3 年 7 个月，远超朱棣对北京宫殿的使用时长，在其内心必然占据了重要地位[④]。另一方面，朱元璋在南京西宫殡天，朱棣停灵于北京仁智殿，二者之间显然也有继承。由此推断，仁智殿曾是永乐西宫的一部分，结合承天门和后文即将讨论的奉天门的位置，其对应于西宫之午门。上文既言"大殿"，其开间数必大于承天门（五间），而依礼制又应小于奉天殿（十一间），故参考明南京午门城楼格局，定为面阔九间、进深五间。

---

① 王子林：《紫禁城建筑之道》。
② 万依：《故宫辞典》，北京：故宫出版社，2016 年。
③ ［明］刘若愚：《明宫史》，"金集"，北京：北京古籍出版社，1980 年。
④ 明北京宫殿于永乐十九年正月启用，前三殿同年四月即毁于雷火，乾清宫则于永乐二十年闰十二月被焚毁，直至正统五年才得以重建。

2. 核心建筑群

推断奉天门在慈宁宫花园南门（南天门）以北；东角门在前述清宫造办处旧址发现的明初四个磉墩处，西角门与其对称①。核心建筑为工字殿形式，其中，奉天殿位于慈宁宫花园中部，其后为柱廊，二者与慈宁宫花园东部及长信门北发现的 17 处磉墩叠压；柱廊北端的后殿、凉殿、暖殿位于慈宁宫处；左右二殿依照文献应位于奉天殿"两侧"，按照元大内文思殿、紫檀殿尺度定为面阔三间、进深一间。

在明北京宫殿正式投入使用后，这组建筑群更名为大善殿、仁寿宫。前述金幼孜所作《皇都大一统赋》表明，大善殿、仁寿宫在地位上与乾清宫、坤宁宫等同，说明这组建筑也曾作为皇帝寝宫，从时间上看，只可能是永乐西宫时期，这也从侧面证明了西宫的所在。而李时勉所作《北京赋》则表明，仁寿宫与奉先殿应位居中轴线两侧，这与实际情况是相符的。由于大善殿、仁寿宫是一组建筑群，文献中有时也会以"仁寿宫"之名统称之，这种情况在明清时期是很常见的。

将核心建筑群置于燕王府（元大内）西南部的优点是，仍可保留燕王府遵义门（元大内西华门）至体仁门（元大内东华门）之间的通道。在使用西宫的同时，不影响明北京宫殿营建时的材料运输。

3. 后宫建筑群

后六宫的具体形制，文献并未涉及。但各殿的名称在永乐之后的文献中偶有出现，通过梳理这些蛛丝马迹，可以尝试复原后六宫的大致位置和范围。需要指出的是，基于前文对永乐西宫东西边界、前导空间及核心建筑群的判断，后六宫应位于核心建筑群之北，为东、西两路各三宫的形式。其中，东路由南至北为仁寿、景福、仁和三宫，西路为万春、永寿、长春三宫。其具体格局依照明清紫禁城东西六宫复原。以下详述：

（1）仁寿宫

此仁寿宫非永乐十八年后的仁寿宫，也非宣德时期的仁寿宫。按照上文的判断，

---

① 四个磉墩的间距均为 11 米，若作为西宫的奉天殿，则其开间尺度大于明北京宫殿的奉天殿（按《明世宗实录》所载"旧广三十丈，深十五丈云"计）。考虑到后者的营建时间晚于前者，地位高于前者，不太可能出现这样的情况。故判断此为西宫东角门的基础。

此仁寿宫位于今慈宁宫北部以东区域。

（2）景福宫

《明史》记载："（嘉靖）四年三月壬午夜，仁寿宫灾，玉德、安喜、景福诸殿俱烬。"[1] 说明景福宫距离仁寿宫不远，才会受到火势牵连。而参考嘉靖西苑万寿宫东西八宫和明清紫禁城东西六宫的建筑形制，景福宫的正南门应名景福门。《明宫史》记录了景福门的位置："（启祥宫）乃献皇帝发祥之所，原名未央宫。世庙入继大统，至四十年夏，特更名曰启祥宫……再西，则嘉德右门，即旧名景福门也。其两旛杆插云向南而建者，隆德殿也。旧名玄极宝殿，隆庆元年夏更曰隆德殿……（崇祯）六年四月十五日，更名曰中正殿……再西北曰英华殿，旧名隆禧殿……自嘉德右门之西，向南者曰二南门，门之北，则八角井也。"[2] 据此可以判断景福门在今启祥门以西甬道上，景福宫在其北，约在今雨花阁一带。

（3）仁和宫

仁和宫应在景福宫之北，大致为今宝华殿一带。

（4）万春宫

由于嘉靖四十年的西苑万寿宫内也有万春宫，因此在使用文献时需注意区分。《明史》和《明实录》均记载了弘治年间修理万春宫一事："京师之万春宫、兴济真武庙、寿宁侯第，在外之兴岐衡雍汝泾诸府，土木繁兴，宜悉罢。"[3] "近修万春宫已役万余人，若三大营军多内直执事之人，比修皇亲宅第及公主茔宅及库藏仓廒已用一万一千余矣，且连年民因于征求军困于工役，今各处灾异频，仍土木之工，宜少息，以谨天戒。"[4] 由文献时代判断，此万春宫仍是永乐之时的万春宫。其位置应离寿安宫不远："命遂安伯陈韶领官军万人修内府、万春、寿安等宫及各处殿宇、房屋、墙垣、桥梁，从内官监太监李广言也。"[5] 寿安宫在今慈宁宫北、雨花阁西。按文献的记载顺序，万春宫应在仁寿宫西，即今慈宁宫北部以西区域，紧邻寿安宫南墙。

① ［清］张廷玉等：《明史》，卷二九"五行志二"。
② ［明］刘若愚：《明宫史》，金集"宫殿规制"。
③ ［清］张廷玉等：《明史》，卷一八四"刘瑞传"。
④ 《明孝宗实录》，卷一二三"弘治十年三月乙巳"。
⑤ 《明孝宗实录》，卷九三"弘治七年十月壬戌"。

（5）永寿宫

永寿宫应在万春宫以北，即今寿安宫南部以东区域。

（6）长春宫

长春宫应在永寿宫以北，即今寿安宫北部以东区域。前述英华殿东的明早期夯筑层，很可能与长春宫有关。

综合以上，可以绘制出永乐西宫的复原平面。西宫建筑以武英殿中轴线为轴，由南至北分布于武英殿、清宫内务府、慈宁宫花园—清造办处、慈宁宫、雨花阁—宝华殿—寿安宫东部、英华殿山门东部—中正殿—建福宫一带（附图2.5）。

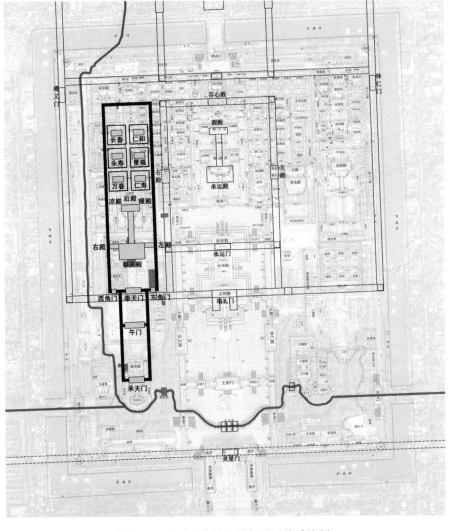

附图2.5　永乐西宫的格局复原（徐斌绘制）

四 结论与讨论

西宫这一名称具有强烈的方位含义，应是相对于燕王府而言在"西"，但文献关于永乐西宫"西"至西苑的记载大多不早于嘉靖时期，此时距离永乐西宫的建成和使用已过去了近百年，很可能存在认识上的误区。因此，笔者重新梳理了永乐至嘉靖时期的文献，通过整理西宫名称和内涵的变迁，判断永乐西宫应位于明清故宫外西路，并就嘉靖时期将西苑仁寿宫冠名为永乐西宫的原因进行了解释。进而，结合近年来故宫博物院考古发掘的元明建筑遗址分布，参考元大内、燕王府复原平面和明清故宫建筑布局，复原永乐西宫的范围和格局。

从明清帝王对待潜邸的态度来看，永乐西宫是不可能被主动拆除的。那么，为何其在明北京宫殿建成后却很少见于文献呢？分析原因有二：一是由于西宫建筑与明北京宫殿建筑部分重名，在北京宫殿正式启用后，有必要对西宫建筑进行更名。二是由于明北京宫殿的范围实际上涵盖了永乐西宫，随着西路新宫殿的建设，西宫建筑也逐步被取代。这两种情况在历朝历代都不鲜见，就永乐西宫而言，这一过程格外漫长，从永乐时期一直持续到嘉靖时期，几近百年。

从永乐西宫的复原平面来看，其前导空间已经突破了燕王府（元大内）南墙，将元代留守司纳入整体规划范围。这说明，永乐西宫的建设过程同时也是元大内的破坏。西宫的规划和营建，拉开了明北京宫殿在元大内基础上南移的序幕。正是这一破一立，实现了两个王朝在空间层面的更迭。

后　记

这本小书，是对我后博士与博士后阶段的纪念。

2014 年圣诞节晚上，我在清华大学建筑学院完成了博士论文的答辩。答辩专家的阵容可谓"豪华"，有导师吴良镛院士、副导师武廷海教授、学术委员会主任朱文一教授、故宫博物院院长单霁翔教授、西安建筑科技大学王树声教授和中国社科院考古研究所王学荣教授，答辩秘书也是一直关心我成长的黄鹤副教授。答辩会的气氛如果与预答辩相比的话，可以说非常和谐，我顺利通过了考察，获得了博士学位。然而事后想来，那一晚对我意义非凡，不只是获得学位本身，而是当场确定了未来几年的研究方向——元大都的规划复原。在那之前，我从没想过自己会到故宫来做博士后，更没想过会留下来从事现在的工作。总而言之，那是一个决定性的夜晚。

次年 9 月，我开始办理故宫博物院博士后工作站的进站手续。凭借这个事由，得以从神武门"走后门"进入故宫。时值故宫建院 90 周年，"石渠宝笈"特展开幕。我在西北角的城隍庙小院交完材料，沿着内金水河一路向南，跨过武英殿前的石桥，融入热情的参观人群，在拥挤中匆匆领略了《清明上河图》的风采。之后，走出武英殿，继续沿水向东，来到断虹桥。这座保留着元代特征的石桥就这样静静地躺在河上，斜阳细柳，在望柱顶端的石狮子上投下生动的光影。我伫立良久，拿出手机，拍下一张照片。柯勒律治（Samuel Taylor Coleridge）的名篇《忽必烈汗》（Kubla Khan）涌上心头。诗人为马可·波罗（Marco Polo）笔下的元上都（Xanadu）着迷，创作出不朽的诗篇。面对比上都更加恢弘的元大都，我能做些什么呢？

首先完成的是文献综述，也就是本书的第二章和附录一。由于故宫的进站时间不同于高校，仅为每年 9 月一次，对于我这样 1 月毕业的人来说，就很奢侈地拥有了半年空闲期。这段时间，完成了基础材料的阅读和元大都营建大事记的梳理。犹记得当时家中墙上贴着武廷海师赠予的明清北京城图，我时常在看完某条文献之后，在上面一番涂画。最初的目的，还是希望能对元大都的整体布局提出新的认识，然而看完材料之后，感觉在都城尺度很难有大的突破，遂决定将研究重点放到元大内的复原上。这部分成果得到了极高的利用，曾作为博士后开题报告、博士后科学基金和李约瑟研究所访问学者申请材料的主体内容，并承蒙《故宫学刊》收录发表。

开题之后最主要的工作是整理故宫古建和考古材料，参与慈宁宫花园东路的考古发掘。当我向单院长提出参与故宫考古的设想时，他非常赞同，并说，如果有机会，他也想亲自上手。随后，故宫博物院考古研究所李季所长、王光尧副所长慷慨地提供了这次机会，并由该考古工地的领队徐华烽、翟毅二位博士现场指导。2016年的夏天，我和同为博士后的翟毅每天在工地上挥洒着汗水。尽管每个探方在做到明代地层时，就按要求停止了发掘，并未获得最渴望的元代材料，但我对考古材料的来之不易有了切身体会。这也促使我思考如何最大限度的利用考古材料，跳出考古的视野来实现元大内的复原。

另一项重要工作是对元大都、元上都、元中都遗址和博物馆的调研。我对北京地区金元遗址的认识最早来自卢沟桥。本科毕业前夕，我与肖林兴、蒋博、张华跃从清华西门出发，坐了很长时间的公交车才抵达西南郊的卢沟桥。桥面铺设的巨大条石给我留下了极其深刻的印象，望柱顶端造型各异的石狮子也令人赞叹。可惜桥下的永定河干涸，只能想象昔日"卢沟运筏"的盛况。确定以元大都为研究对象后，我利用节假日依次考察了北城墙、钟鼓楼、海子桥、景山、团城、万岁山、万松老人塔、白塔寺、都城隍庙、智化寺、柏林寺、国子监、孔庙、古观象台等区域，也有机会近距离接触故宫内部的浴德堂浴室、大庖井、钦安殿及院外大高玄殿等建筑。2016年秋天，参观完首都博物馆"大元三都"展后，一支四人组成的小分队驶离北京，一路向北，四日之内往返三都。在此我要感谢单院长和周高亮先生帮忙联系元上都、考古研究所徐海峰副所长帮忙联系元中都相关负责人，科研处王进展副主任帮忙协调院内事宜。感谢元上都文化遗产管理局宝力格主任、元中都遗址保护区管理处郝朝斌主任、赵学锋先生的耐心讲解和细致作答。特别感谢张剑虹、刘净贤二位博士后及考古研究所赵瑾女士的陪伴。金莲花海中蜿蜒湛蓝的闪电河、小山下一览无余的铁幡竿渠与三重城、与大都享有共同基因的元中都、决定历史命运的野狐岭……这些景象犹在眼前，希望日后还能共同考察远在蒙古国的哈拉和林城。

在完成这两部分基础工作后，我奔赴英国剑桥开展为期半年的访学。原以为元朝这样一个横跨东西的政权，在西方应该有很多的材料和研究。然而事与愿违，除却草原考古与人类学方面的研究，并没有找到与都城直接相关的资料。于是我将访学的题目重新转向博士论文所探讨的秦汉都城的象天法地规划，因为先秦—秦汉的研究在剑桥有着深厚的土壤。在重新梳理秦汉史料、挖掘象天法地规划与历法岁首关系的过程中，我逐渐意识到《析津志》与《大都赋》所载象天法地的意象是一致的，类似《西都赋》与《西京赋》的关系。明确这一点后，元大内到底代表太微垣还是紫微垣的问题迎刃而解，元大都的象天法地规划也就很快破解了。2017 年春季回国后，又看到四卷本的《徐苹芳北京文献整理》系列，从中发现了更多支持自己观点的文献，更加坚定了想法。这部分内容在当年东南大学举行的中国城市规划历史与理论年会和中国科学院大学举行的中国科技史年会上进行了宣读，并收录于《城市规划历史与理论 04》。这是本书第六章的由来。

继剑桥之后，我又获得了德国马克斯－普朗克学会科学史研究所的访学机会。这次的题目是运用该所开发的地方志数据库开展"表南山为阙"的规划研究。这个短期的工作坊使我认识到"数字人文"方法在历史研究中的可能，进而萌生了运用这种方法来分析都城规划的想法。在使用赵其昌《明实录北京史料》一书时，我注意到其中辑录的历年漕运数据，而漕运数据又可直接表征北京地区的人口数量。由此实现了数字人文视野下对明北京宫殿营建时间的考察，获得了新知。感谢这一过程中，"同桌"张剑虹博士与我的热切讨论，古建部李燮平先生对此种尝试的赞许和建议。这部分内容在 2017 年苏州举行的明清史国际学术研讨会上进行了宣讲，并发表于《明清论丛》。这是本书第五章的雏形。

作为核心内容的元大内规划复原方案（第三章），是结合故宫元、明遗址分布和前人复原研究成果而提出的，涉及对修正数据的再修正及对宋元宫殿形制的再认识。2017 年出站答辩之际，我请徐海峰副所长就此部分提意见。他看过之后，感叹故宫考古所能提供的证据还是太少，我也深有同感。因此这部分内容一直没有发表，就是希望能等到更有说服力的考古材料涌现。去年受丁替英博士邀请参加越南宫城学会的会议，为完成命题作文《宫殿建筑中的"工字殿"》，我集中梳理了宋元时期盛行的工字殿建筑，发现其源头可追溯至唐长安麟德殿，而其余韵则波及明三都与王府建筑，由此加深了对元大内规划形制的认识。

　　2018 年在合作开展雄安新区规划研究时，单院长邀请武廷海教授来故宫作讲座。在协调此事过程中，我与武老师就元大都的"规画"进行了探讨。《大都赋》中"近掎军都""表以仰峰莲顶""擢以玉泉三洞"的描述引起了我们的注意，进而发现"军都山—独树将军"与"仰峰莲顶—玉泉山"连线的交点落在元大都中心台位置。那么，从宫、城同构的角度出发，元大内的"规画"是否也存在相似的手法？为此，我多次登上神武门、景山、白塔等制高点，试图从环绕北京湾的群山中寻找标志性的山体。奈何远有高楼、近有大树，并未找到合适的目标。但从地形图上分析，却显示出"军都山—独树将军"与"仰峰莲顶—万岁山"连线的交点与之前复原的元大内中心点重合。基于此，我尝试复原了元大内的"规画"过程。随后的 10 月，我考察了明中都。感谢正在凤阳开展合作考古的王太一博士，不辞辛劳地陪我看完每一处遗址、爬完每一个山头，并用电动车载我去拍摄散落于田间地头的祭祀遗址和皇陵。明中都在"规画"中表现出的相似性令我振奋，也促使我从"斟酌元制"的角度重新思考元大内的规划生成。这部分内容，在 2019 年夏天研究室王子林主任主持的故宫研究院学术讲坛《一场关于元大内的讨论》中做了宣讲。特别感谢王老师的信任，使我得以从产假状态中，抽离出一个下午。这是本书第四章的形成过程。

　　2020 年初，我再次与武老师和王主任讨论到永乐西宫的位置。此前，王主任已发表文章指出西宫应在故宫西路，而我之前对元明宫殿变迁的梳理也显示西宫应在故宫范围内。为明晰这一问题，我决定把明初的营建史料重新梳理一遍。此时我已进入宫廷历史部开始原状陈列的工作，只能利用闲暇时间继续规划史的研究。主要利用的材料是《单士元集》《明代宫廷建筑大事史料长编》与中华古籍库。当我把能搜集到的关于西宫、西内、西苑、仁寿宫的文献都看过之后，意识到嘉靖朝的"西苑仁寿宫"为"永乐旧宫"之说应是刻意的指鹿为马。当时的我就像一个窥知秘密的小孩，忍不住要与人分享。同屋的张燕芬博士作为第一个读者，给出了十分中肯的意见。这部分内容在 10 月北京举行的"紫禁城建成 600 年暨中国明清史国际学术论坛"上进行了宣读。巧合的是，当年底在故宫西路清宫造办处旧址的考古发掘中，发现了 4 处大型明初建筑基础，为这篇文章提供非常有力的证据。2021 年，考古进一步明确了前述建筑基础的东边界，我也在此基础上修正了西宫的复原方案。在此感谢考古部吴伟、宁霄二位先生为我不厌其烦的讲解。这部分内容收入本书附录二。

2020 年春节前夕，赵国英副院长在全院博士后会议上传达了计划出版这套书系的决定。没料想新冠病毒气势汹汹，春节假期和武汉封城同时到来。2 月 14 日，我在人人自危的气氛中完成了本书的初稿。然而受疫情影响，直到 2021 年 8 月，出版计划才正式重启。在此感谢王旭东院长、赵国英副院长促成此书，王进展副主任、段莹博士等编委会成员为统筹出版付出心血。感谢单院长在成书过程中，不吝赐序。感谢我的家人对我一如既往的支持。特别感谢我的责任编辑崔华老师，是她的辛勤工作使本书得以呈现。

也正是从 2020 年起，北京超越昆明、重庆，成为我待得最久的地方。我在这里读书、成家、工作，逐渐积累起对这个城市的认识。这本书见证了我对北京城市史的探索，也见证了我对故宫及其前身的认知。回想起 2018 年收到国家自然科学基金评议书时，看到匿名专家提出的意见：应如何评价此类型课题的复原结果。我认为这是一个很关键的问题。这使我想起六年前的那个下午，站在断虹桥上的思绪。诚然，我无法揭开大地，展现出埋藏在下面的元大内，也无法用诗人的语汇，建构起迷人的场景。我所能做的，是抓住蛛丝马迹，透过大地，重现那座城市和那个时代的思想与技术。历史无法复原，只能利用手中的材料，做出最合乎逻辑的推测。然而，合乎逻辑不等于合乎事实。所有的复原研究，只能获得有限的生命力。未来一定会有更合理的推测，伴随着更新的材料和更严密的论证出现。回顾近百年的元大都研究史，正是如此。

我们需要前人，也乐于成为前人的肩膀。

徐　斌

2022 年 8 月 31 日于郭庄子